我愛 Staub 鑄鐵鍋 敘事大師群——著

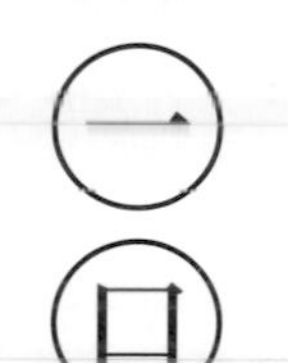

一口鑄鐵鍋端出一桌菜

推薦序

這是我想念的味道

「莎莎的手作幸福料理」 蔡佩珊

想一想，離開媽媽身邊也已經邁入第二十個年頭，每每回家，最喜歡陪著她一起上市場採買，但她卻捨不得讓我進廚房，總是一個人在狹窄的廚房裡忙著，讓家中無時無刻飄散著令人想念的香氣。這就是家的味道。媽媽燒的菜，是思念的味道。

或許是媽媽為孩子付出的甜蜜心念，也潛移默化地進駐了我的心底。因此，我也老是喜歡待在廚房，復刻出屬於我家的味道。我尤其喜歡一家人圍在餐桌旁的時刻；大家暢所欲言，輕鬆地分享今日發生的大小事，不管是開心的、煩心的、傷心的，還是讓人怒火攻心的，只要好好飽餐一頓，在美味料理的撫慰下，總是能得到療癒。這就是「食療」的魔力。

老公說，餐桌是家裡最歡樂的地方；我說，餐桌是凝聚家人的地方；大女兒說，餐桌是有最多好吃食物的地方；小女兒說，餐桌？就是吃飯的地方啊！

「緊來呷飯，媽媽要上菜囉～」如同《一口鑄鐵鍋，端上一桌菜》的作者們一樣，我也想幫孩子打造出屬於我家的滋味，一種簡單幸福、又充滿溫暖的味道。

用愛，連結起一道一道的料理

「艾迪，生料理」 魏嘉昌 EDDI 老師

我是個餐飲人，擁有近二十年的餐飲經歷。從咖啡、調酒、西餐、義大利料理、侍酒師到餐飲講師一步步走來，料理魂深植於我的每個細胞，而因緣際會之下，我也在「我愛 Staub 鑄鐵鍋」社團做了一些料理直播，分享多年來的料理技巧。剛開始，只是一如往常地烹飪料理，想不到社友們的專業和熱情，竟讓每次直播成為了我的挑戰。

眾所皆知，所謂餐桌菜大多是抓緊時間，把食材處理好並快速烹調的做法；不過不一樣的是，「我愛 Staub 鑄鐵鍋」裡的每個社友，在面對料理時，都懷抱著滿滿的愛！每當我直播結束後的三天內，都會看到社友們復刻做出了相同料理，彷彿是海綿般，把我的料理給學走，這對我來說，是非常興奮的事；教新的料理彷彿是頂尖對決，這就是我所謂的「直播料理挑戰」。把料理視為生命中不滅的熱情，是社友們的終極目標；而呈現在餐桌上的料理，則轉化成對家人滿滿的愛。

社友的料理魂，著實令人感到驚豔！有人為滿滿鑄鐵鍋準備漂亮的「家」（專屬櫥櫃）；也有喜愛收集色系的廚具控，專門挑色搭配，組成個人專屬的神廚具；有愛魚成痴的社友，專精魚類解剖教學分享；還有理科料理控，將綁繩料理、雕工料理做得出神如化。

在「我愛 Staub 鑄鐵鍋」社團裡的每個社友，都和我一樣，是非常熱愛料理的人。從對鍋具的愛、對廚刀的講究，到對美食的樂於分享，都讓我與大家相處得十分愉快。雖然礙於篇幅無法收錄，但我相信在這食譜裡的每一道菜，都有非常有趣的故事和典故；有下酒炸物、有居家必備料理、有大廚經典手路菜，還有祖傳料理秘方。而不論那一道食譜，都有著給家人的滿滿的愛。這是一本充滿料理魂的料理書！

目錄

Chapter 2　零失敗新手料理

Chapter 3　週末來挑戰！華麗的宴客料理

Chapter 4　迷人的異國風味餐桌

Chapter 5　一鍋到底的美味主食

Chapter 6 溫柔慢燉的暖心鍋物

1小匙=5ml
1大匙=15ml
1杯＝200ml

Chapter7 用鑄鐵鍋做甜點和麵包！

\ 認識 /
Staub 鑄鐵鍋

來自法國阿爾薩斯的 Staub 鑄鐵鍋，每一只都是職人手工打造而成，鍋體為鑄鐵，內層為霧面黑琺瑯，外層則為優美的三層琺瑯加工，時尚美麗的造型與多變色彩，更讓收集者趨之若鶩。

在烹飪上，燉煮、煎、炒、烤、炸、蒸等都難不倒鑄鐵鍋，除了擁有熱傳導性佳、受熱均勻、不易沾黏等多重優點，鍋蓋內特殊的迴力釘點，更能鎖住食材的水份與香氣。

基本鍋型介紹

圓鍋

規格：14、16、18、20、22、24、26cm

Staub 經典入門鍋款，尺寸齊全，使用上也相當萬能，從燉煮、油炸、煮飯到烘焙甜點等通通適用。鍋口直徑 22-24cm，約適合 4 人份家庭料理，鍋口直徑 18 以下適合 1-2 人使用。

書中使用圓鍋的料理：
台式炸雞、紅燒獅子頭、干貝蠔油無骨雞腿、梅子燒排骨、栗子燒雞、簡易翻轉蘋果塔等。

和食鍋、雪花鍋（舊名：媽咪鍋）

規格：14、16、18、20、22、24、26cm

為了東方飲食習慣而設計的鍋款，圓弧形的鍋底，可用來烹調需要先炒再燉煮的料理，也適合煮飯、烘焙與甜點。雪花鍋為鍋蓋上有特殊雪花造型的和食鍋。

書中使用和食鍋的料理：可樂豬腳、台灣傳統油飯、油燜筍、紅燒雙耳、馬賽燉雞等。

淺燉鍋

規格：24、28cm

大家也會直接稱為淺鍋，深度淺、口徑寬，能代替平底鍋，擅長先炒後煮，也適合燉煮、焗烤、壽喜燒、烘焙，或是煎炒後再入烤箱的料理。做火鍋可將所有食材都擺放出來。

書中使用淺燉鍋的料理：海鮮什錦魚片鍋、焗烤通心麵、酸辣湯、肉桂捲、乾鍋花菜松阪肉等。

魚鍋

規格：28cm

和淺燉鍋一樣擁有寬口徑，不過鍋底圓弧、深度也稍深，可以當作炒菜鍋使用，適合燉煮或烘焙，也可用於蒸煮。

書中使用魚鍋的料理：香菇炒芥蘭、日式高麗菜捲、糖醋松鼠魚、珍珠丸子等。

飯鍋

規格：12、16、20cm

鍋身比圓鍋更深一些，最擅長的就是用於烹煮白飯與炊飯料理，另外也可用於來燉煮或油炸，書中也有作者使用飯鍋來做韓式蒸蛋唷！

書中使用飯鍋的料理：培根地瓜奶油飯、栗子香菇雞肉炊飯等。

橢圓鍋

規格：23 cm

使用範圍與圓鍋相仿，最大的特色是鍋身橢圓，可以將長型食材保留原型烹煮，很適合用來處理牛排、滷肉等。

書中使用橢圓鍋的料理：香滷肉排、啤酒雞翅、麻油蒸雞腿、粉蒸排骨等。

雙耳煎鍋

規格：20cm

沒有鍋蓋，鍋深淺，可以作為平底鍋使用，製作煎炒型料理，另外也是燉飯、派類、布丁等烘焙的好幫手。

書中使用雙耳煎鍋的料理：麻油煎麵線、樹子炒水蓮、馬鈴薯菠菜烘蛋等。

TIPS

- 第一款入門鍋款，可以考慮從造型最經典、尺寸與色彩有多種選擇的圓鍋開始。家中人口若爲 1-2 人，可以選擇 20cm 以下的鍋款，22cm 和 24cm 則是最早推出、也最多人使用的尺寸。

鑄鐵鍋正確使用方式

簡易開鍋步驟

- 琺瑯鍋已有塗層，其實不需開鍋，只需簡單洗淨擦乾。

烹調注意事項

- 鑄鐵鍋適用於各種爐具與烤箱，但不可放入微波爐使用。
- 開火時請先轉小火（米粒火），避免空燒。
- 烹煮過程以中火或小火烹煮即可以達到最佳效果，不建議轉大火。
- 避免使用金屬類廚具，以免刮傷琺瑯。
- 由於琺瑯鍋在加熱後溫度極高，記得使用隔熱手套與鍋墊。

清潔注意事項

- 剛烹調完的高溫鍋具不可直接以冷水沖洗，溫差過大可能會使琺瑯裂開。請待鍋具冷卻後再清潔。
- 清潔時請使用海綿，避免使用菜瓜布、鋼刷等容易造成刮傷的清潔工具。
- 以簡單的中性清潔劑清洗即可，也可以小蘇打粉或檸檬酸加強清潔。
- 洗淨後以乾布擦拭再收納，可避免留下水漬。

常見問題 Q&A

Q 鑄鐵鍋要養鍋嗎？

鑄鐵鍋內裡有琺瑯塗層，不必特別養鍋，只需在每次沖洗鍋具後將水分擦乾或晾乾後再收納即可。

Q 鍋底燒焦該怎麼辦？

以小蘇打濕敷加醋，稍微靜置後用不刮鍋具的清潔海綿或菜瓜布刷洗，再用熱水沖乾淨。

Q 鍋子上有雜點、色差、色澤不均勻、氣泡、氣孔、凸點，是瑕疵嗎？

鑄鐵鍋均由手工製作，在高溫狀態上釉料時會產生微小氣泡，在冷卻後，小氣泡破掉會讓鍋子有凹點、小黑點、雜點等，均為正常現象，不影響使用。

Q 「曬鍋痕」是什麼？

鍋身與鍋蓋因為放在架上上釉，與架子接觸的地方沒有上色、沒有琺瑯塗層的地方就是「曬鍋痕」，通常會在鍋身或是鍋蓋邊緣出現。

Q 鍋具的表面塗層剝落怎麼辦？

表面塗層若因碰撞脫落，可將無塗層的地方維持乾燥，抹上一些油以防止生鏽。

Q 烹煮過後鍋底出現了彩虹色的斑紋。

使用後鍋內出現白色斑點或彩色斑紋，是因為食物中的澱粉或礦物質在加熱過程中附著於鍋內，屬正常現象。可以使用白醋、小蘇打粉或檸檬酸清洗。

\ 煮出美味 /
白飯

作者｜黃芬
鍋具｜16飯鍋
材料｜米2杯、沙拉油1小匙

煮飯小技巧

1 米與水的比例是 1:1.1。
2 煮飯時間口訣：30 → 8 → 15。
3 開蓋時平移鍋蓋，可防止水蒸氣滴落米中影響口感。

蓋蓋法

1 米洗淨，加入 2.2 杯水，浸泡 30 分鐘（圖 A）。
2 鍋中倒入沙拉油，上蓋（圖B）。
3 中小火煮到鍋蓋緣冒水蒸氣後，轉微火續煮 8 分鐘（圖D）。
4 熄火，移鍋悶飯。
5 15 分鐘後鬆飯。

開蓋法

1 米洗淨，加入 2.2 杯水，浸泡 30 分鐘（圖 A）。
2 鍋中倒入沙拉油（圖B）。
3 中小火煮沸，當鍋緣冒泡泡後上蓋，轉微火續煮 8 分鐘（圖C、圖D）。
4 熄火，移鍋悶飯。
5 15 分鐘後鬆飯

白飯的 \變化型/

番茄飯

作者｜黃芬
鍋具｜16飯鍋

材　料
Ingredient

米……2杯
牛番茄……1顆
橄欖油……1小匙
奇亞籽……1小匙

作　法
How to cook

1 米洗淨，加入 2.2 杯水，浸泡 30 分鐘。
2 將橄欖油，奇亞籽放入米中拌勻。
3 番茄去蒂去尖頭，放入米中。
4 中小火煮沸，當鍋緣冒泡泡後上蓋，轉微火煮 8 分鐘。
5 熄火，移鍋悶飯。
6 15 分鐘後鬆飯。

核桃芝麻飯

作者｜Y小姐
鍋具｜16飯鍋

材　料
Ingredient

米……2杯
烤香切碎的核桃……30g
黑芝麻粉……1大匙
白芝麻……1大匙
鹽……適量

作　法
How to cook

1 依照 P.12 的作法，煮出一鍋美味白飯。
2 將核桃、黑芝麻粉、白芝麻撒入飯中，以適量的鹽調味拌勻。

Chapter 1

家人最愛的日常料理

一起感受鑄鐵鍋的台菜魂！巧妙利用鑄鐵鍋能煎炸、適合燉煮的特性，從台式炸雞、麻婆豆腐、麻辣鴨血到自家才有的豪華版瑤柱烤白菜，通通難不倒！

台・式・炸・雞

林正眞

鍋具
20
圓鍋

時間
40
分鐘

難度
★★

材料 Ingredient

主食材
- 雞胸 …… 1副（約300g）
- 地瓜粉 …… 100g
- 九層塔 …… 適量

醃料
- 醬油 …… 1大匙
- 香油 …… 1大匙
- 白胡椒粉 …… 1大匙
- 蒜泥 …… 1大匙
- 米酒 …… 1大匙

糖醋醬
- 油、醬油 …… 各1大匙
- 番茄醬 …… 2大匙
- 白醋 …… 2大匙
- 味醂 …… 2大匙
- 米酒 …… 1大匙
- 二號砂糖 …… 1大匙

準備 Prepare

1 雞肉帶皮切塊，將醃料混合均勻後醃製雞肉至少 1 小時。

#蒜泥是炸雞好吃的祕訣，在醃料中可儘量多加，讓炸雞更入味。如果另外加入五香粉，就是鹹酥雞口味。

2 九層塔洗淨後以廚房紙巾擦乾。

TIPS
- 雞胸也可用兩隻雞腿取代。
- 將雞肉連同醃料放入袋中搓揉，讓雞肉均勻裹上醃料後再放入冰箱冷藏，可以讓雞肉快速入味。

作法 How to cook

3 將醃好的雞肉裹上一層地瓜粉，稍微靜置反潮。

4 鍋中放油開火，以木筷伸入鍋中，木筷邊緣如冒出小泡泡即代表油溫足夠。

#這裡用半煎炸的方式調理雞肉，油量不需太多。

5 將裹粉雞肉塊下鍋油炸，炸約 4 分鐘後撈起。

#靜置約 1-2 分鐘後，再下鍋回炸 1-2 分鐘更好吃。

6 炸完雞塊後，將九層塔下鍋油炸，約 3-5 秒就可起鍋。

#九層塔請務必擦乾，避免油爆。

7 將炸雞盛盤，撒上九層塔酥即完成。

8 若想嚐嚐糖醋口味的炸雞塊，請將**糖醋醬**材料放入同一鍋，煮至濃稠後加入雞塊攪拌均勻起鍋，再撒上一點白芝麻就完成了。

麻・辣・鴨・血

潔西

鍋具 24 雪花鍋

時間 40 分鐘

難度 ★

材　　料 Ingredient

主食材

鴨血……3塊
蒜苗……1根
高湯……500ml

調味料

香油、辣油……各1大匙
花椒粒……1大匙
蒜泥、薑泥、辣椒丁……各5g
豆瓣醬……2大匙
沙茶醬……1大匙
米酒……3大匙
醬油……2大匙

作　　法 How to cook

1 鴨血切塊，汆燙一下撈起。

2 鍋中放入香油和辣油，爆香花椒粒、蒜泥、薑泥、辣椒丁，接著炒香豆瓣醬和沙茶醬。

3 加入米酒、醬油、高湯攪拌均勻，放入汆燙好的鴨血，煮滾後不蓋上鍋蓋，以小火燉煮15分鐘後熄火。

#鴨血不可使用大火烹煮過頭，以免失去滑嫩口感。

4 熄火後蓋上鍋蓋，繼續燜至少30分鐘，至鴨血入味。

5 起鍋前再放上蒜苗就完成了。

TIPS

◆ 沒有高湯的話可用水替代，但須另外加鹽，調整鹹度。

甜・椒・燜・雞

湯聖偉

鍋具
28
淺燉鍋

時間
30
分鐘

難度
★★

材　　料
Ingredient

4人份

主食材
- 去骨雞腿肉…………2支
- 洋蔥…………1/2顆
- 甜椒…………2顆
- 甜豆…………1把
- 蒜頭…………3瓣
- 蔥…………2根
- 辣椒…………1條

醃料
- 醬油…………1大匙
- 太白粉…………1大匙

調味料
- 醬油…………2大匙
- 蠔油…………1大匙
- 米酒…………2大匙
- 二號砂糖…………2小匙
- 紹興酒…………2大匙
- 香油…………1大匙

準　　備
Prepare

1. 去骨雞腿肉切塊。
2. 蒜頭切末，蔥切段，辣椒、洋蔥、彩椒切片備用。
3. 將彩椒片、甜豆燙熟後沖涼。
4. 均勻混合醃料，將切好的雞肉抓醃3分鐘。

作　　法
How to cook

5. 熱鍋後放2大匙油，加入蒜末、蔥段、辣椒片和洋蔥拌炒。
6. 放入雞肉塊拌炒，炒至雞肉表面變白後，倒入醬油、蠔油炒出香氣。
7. 加入米酒、糖，蓋上鍋蓋燜煮約5分鐘。
8. 開蓋確認雞肉熟透後放入彩椒片與甜豆拌炒一下。
9. 起鍋前加入紹興酒與香油即完成。

梅·子·燒·豬·肉

Coco Chang

鍋具 18 圓鍋

時間 40 分鐘

難度 ★

材　料
Ingredient

豬肋排 ………………………… 3根（約600g）
白話梅 ………………………………………5顆
薑片 …………………………………………5片
蔥……………………………………………2根
二號砂糖 …………………………………2大匙
醬油………………………………………2大匙
紹興酒 ……………………………………1大匙

準　備
Prepare

1 豬肋排分切 4 至 5 塊，大小可依個人喜好調整。

＃也可使用梅花或松阪等其他部位。

2 另取一鍋，放入肋排與能蓋過肉的冷水，開火煮滾後取出肋排洗淨。

3 將白話梅泡水，蔥白切段、蔥綠切絲。

作　法
How to cook

4 熱鍋放油，放入薑片與蔥白爆香。鍋中加糖，炒至深咖啡色。

5 加入肋排，拌炒至均勻上色後，再倒入醬油熗鍋。

6 加入白話梅，以小火燉煮 15 分鐘後熄火。蓋上鍋蓋，將鍋子留在爐上，以餘溫燜 20 分鐘。

＃燉煮時間依照豬肉塊大小而不同，至筷子大致能穿透肉塊即可。

7 開大火，加入紹興酒熗鍋，至收汁即完成。

香·菇·瓜·子·肉

Anny Chuang

鍋具 18 圓鍋

時間 30 分鐘

難度 ★★

盛盤使用鍋具：16 baby wok

材料 Ingredient

3-4人份

豬絞肉……50元（約半斤）
愛之味脆瓜……1罐
乾香菇……3-5朵
蒜頭……2瓣
醬油……2大匙
水……1-2碗
白胡椒粉……少許

準備 Prepare

1 乾香菇先以冷水泡開，香菇水留下備用。
2 將脆瓜取出切碎，醬汁留下備用。
3 香菇切小丁，蒜頭切末。

作法 How to cook

4 放油熱鍋後，先下蒜末爆香。
5 放入香菇丁，炒至香氣散出。
6 加入豬絞肉一起拌炒至絞肉變白。
7 加入醬油和切碎的脆瓜，再稍微拌炒一下。

#可依照口味鹹淡調整醬油的用量。

8 將❶、❷的香菇水和愛之味脆瓜醬汁倒入。
9 加水至淹過瓜子肉為止（約 1-2碗），煮滾之後撒上白胡椒粉就完成了！

TIPS

◆ 泡過的香菇水是天然的高湯，記得留下來，別浪費了喔。

麻·婆·豆·腐

湯聖偉

鍋具
28
淺燉鍋

時間
15
分鐘

難度
★

材　料
Ingredient

主食材
- 板豆腐……1又1/2塊
- 豬絞肉……20克
- 蔥……2根
- 蒜頭……3瓣

調味料
- 辣豆瓣……2大匙
- 醬油……1大匙
- 二號砂糖……1茶匙
- 花椒粉……1大匙

勾芡
- 太白粉……1大匙
- 水……3大匙

作　法
How to cook

1 豆腐切大丁，蒜頭切末，兩根蔥切成蔥花。

2 熱鍋放2大匙油，下蒜末爆香，接著將豬絞肉下鍋炒熟。

3 加入辣豆瓣醬，炒至豆瓣醬的辣度與香氣散出，再加入能淹過豆腐的水量（份量外）。

4 加入醬油、糖，小火煮約2分鐘。煮豆腐時調好芡水，慢慢加入勾芡。

5 撒上蔥花拌一下即可關火裝盤，最後再撒上花椒粉。

豬・肋・排・咖・哩

孫夢莒

鍋具
20
圓鍋

時間
60
分鐘

難度
★★

材　料 
Ingredient

豬肋排（切塊）……300g
馬鈴薯……2顆
紅蘿蔔……1條
洋蔥……1/2顆
蘋果……1/2顆
薑末……10g
醬油……2大匙
醬油膏……1大匙
米酒……2小匙
咖哩塊……110g
水……700ml

作　法
How to cook

1. 洋蔥切丁，馬鈴薯、紅蘿蔔以滾刀切塊。
2. 熱鍋放油，爆香薑末後加入洋蔥、豬肋排拌炒至豬肋排表面變熟。
3. 加入醬油、醬油膏與米酒稍微拌炒一下。
4. 接著放入馬鈴薯塊、紅蘿蔔塊，倒入 700ml 的水。
5. 蘋果切塊，以果汁機打成泥。

   #打成泥能使蘋果更容易入味。
6. 煮滾後加入蘋果泥，蓋上鍋蓋，轉米粒火燉煮 40 分鐘。
7. 開蓋加入咖哩塊，拌煮 5 分鐘，確認咖哩塊完全融化即可起鍋。

乾鍋花菜松阪肉

朱曉芃

鍋具
28
淺燉鍋

時間
30
分鐘

難度
★

材料 Ingredient

主食材

- 松阪豬 約300g
- 白花椰菜 1顆
- 蔥 2根
- 乾辣椒 10條
- 新鮮辣椒 1條
- 蒜頭 10瓣
- 花椒 1大匙

調味料

- 米酒 1大匙
- 薄鹽醬油 3大匙
- 鹽、糖 各1小匙

準備 Prepare

1 白花椰菜洗淨切成小朵，以滾水燙50秒後撈起瀝乾。

2 蔥切段、辣椒乾剪小段、辣椒切半、蒜頭切片。

3 松阪豬肉退冰後，逆紋斜切成片。

作法 How to cook

4 乾鍋熱鍋後放入豬肉片，煎至兩面呈金黃色，先取出備用。

5 利用❹留下的豬油，放入蔥段、辣椒、乾辣椒、蒜頭及花椒爆香。

6 蔥白變色後加入白花椰菜，拌炒至略焦香。

7 將肉片放回鍋中拌炒，鍋邊熗米酒，再加入薄鹽醬油、鹽、糖拌炒均勻。

8 蓋上鍋蓋燜煮約1分鐘，開蓋煮至略收汁即完成。

TIPS

- 不喜歡花椒的味道可以省略。
- 白花椰菜炒至略焦香會更入味，風味更佳。

薑·汁·燒·肉

Erica Wu

鍋具	時間	難度
18 和食鍋	10 分鐘	★

材料 Ingredient

主食材

- 豬梅花肉片……250g
- 洋蔥……1顆
- 白芝麻……1小匙

醬汁

- 薑……1塊
- 蒜泥……1小匙
- 醬油……2大匙
- 清酒……1大匙
- 味醂……1大匙

作法 How to cook

1. 洋蔥切絲後備用。薑磨成泥，取約1大匙的份量。
2. 將薑泥、醬油、清酒、味醂、蒜泥拌勻成醬汁。
3. 熱鍋後放油，將洋蔥放入鍋中拌炒3-4分鐘直至軟化後取出。
4. 再加入適量油，放入梅花肉片，拌炒2-3分鐘。
5. 倒入一半❷的醬汁，拌炒均勻。
6. 將洋蔥放回，加入所有剩餘醬汁，拌炒2-3分後熄火。最後撒上白芝麻即可起鍋。

啤·酒·燒·雞·翅

黃芬

鍋具	時間	難度
23 橢圓鍋	30 分鐘	★

材料 Ingredient

4人份

主食材

- 雞翅…………10支（約520g）
- 蒜末、醬油…………1大匙
- 啤酒…………1/2罐
- 糖…………1小匙
- 鹽…………1/2小匙

醃料

- 啤酒…………1/2罐
- 蒜末、醬油…………各1大匙
- 白胡椒…………1/2小匙

TIPS

◆ 可以撒上七味粉增添風味，另外冰鎮過後更好吃喔。

準備 Prepare

1 雞翅除毛洗淨，從關節處分切二段。

#雞翅分切，有利於輕鬆食用。

2 將所有醃料拌勻後醃製雞翅，放入冰箱冷藏至隔夜。

作法 How to cook

3 取出雞翅，以餐巾紙吸乾雞翅表面水份。

4 鍋內舖上一層烘焙紙，倒入一大匙橄欖油，將雞翅一一排入。

#墊一層烘焙紙再煎雞翅，避免沾黏。

5 蓋上鍋蓋，以微火煎香後，將雞翅翻面續煎，待兩面上色後取出。

6 在鍋中加入1大匙橄欖油，放入蒜末炒香，接著加入醬油、啤酒、糖、鹽以及雞翅，拌炒均勻。

#啤酒半罐用於醃漬、半罐用於燉煮。

7 蓋上鍋蓋，待鍋緣冒出水蒸氣後，轉微火滷10分鐘。

8 開蓋將雞翅翻面，續滷至微微收汁即完成。

麻·油·蒸·雞·腿

Coco Chang

鍋具 18 圓鍋

時間 30 分鐘

材料 Ingredient

主食材
- 去骨雞腿……1隻（約600-800g）
- 薑絲……30g

調味料
- 醬油……2大匙
- 醬油膏……1大匙
- 麻油……1大匙
- 酒……2大匙

作法 How to cook

1. 雞腿切塊，薑切絲。

   #若怕辣可以選擇中薑或嫩薑，味道清香不會辣。

2. 將雞腿、薑絲與所有調味料拌勻，醃製 4 小時以上。
3. 將所有食材放入鍋中，放進電鍋。外鍋放 2 杯水，至電鍋跳起即可。
4. 若家中沒有電鍋，也可以直火煮滾後，轉小火煮 20 分鐘，熄火燜 10 分鐘。

金・沙・中・卷

莊鈞媛

鍋具
18
媽咪鍋

時間
20
分鐘

難度
★

材料 Ingredient 

主食材

- 透抽……350g
- 蔥……1根
- 蒜末……1小匙
- 大辣椒……1/2條
- 新鮮蛋黃……1顆
- 鹹蛋黃……3顆
- 鹽……適量

醃料

- 米酒……1大匙
- 鹽……1小匙

炸粉

- 太白粉……1大匙
- 地瓜粉……1大匙
- 麵粉……1大匙

> TIPS
> ◆ 透抽，鰭呈菱形，活體時會呈半透明至白色，死後身體接觸冷空氣會呈現淺紅色至磚紅色澤。俗稱中卷，通常身長在 15 公分以上。而身長在 15 公分以下，稱爲小卷，也就是俗稱的「鎖管」。簡單說，小卷是透抽的小時候。

準備 Prepare

1. 製作炸粉 將太白粉、地瓜粉、麵粉混合均勻。
2. 透抽洗淨、去皮切圈，觸腳切為 2 根一組。以米酒醃 10 分鐘。

   #透抽去皮，可避免油炸時油爆。

3. 將鹹蛋黃切碎（越細越好），蔥切蔥花、蔥綠蔥白分開，辣椒去籽切末。

   #若不吃辣，亦可用紅椒切成約 0.3cm 細丁取代辣椒。

作法 How to cook

4. 在❷中加入新鮮蛋黃，拌勻後均勻裹上一層炸粉。
5. 鍋中放入適量油，加熱至 200° C，轉中火放入中卷炸至定型後撈起。
6. 轉大火，再次將透抽下鍋炸酥後撈起備用。
7. 另起一鍋，熱鍋後放入 2 大匙油。放入鹹蛋黃碎，以小火慢炒至融化起泡。
8. 加入蔥白、蒜末、辣椒末拌炒後，放入透抽均勻裹上金沙醬，撒上蔥花就完成了。

粉・蒸・排・骨

Coco Chang

鍋具
23
橢圓鍋

時間
40
分鐘

難度
★★

材　料 
Ingredient

4 人份

豬肋排……3根（約600g）
馬鈴薯……2顆（約360g）
蒸肉粉……1包
醬油……2大匙
米酒……3大匙

作　法
How to cook

1 豬肋排泡在流動的水洗淨，去除血水後瀝乾。

#豬肉也可用梅花肉、去皮去油的五花肉或松阪肉等部位取代。

2 將蒸肉粉、醬油、米酒與豬肋排拌勻，醃 4 小時。

3 馬鈴薯去皮切塊。

#馬鈴薯也可用地瓜、南瓜或冬瓜取代。

4 在鍋中放入半米杯的水，先將馬鈴薯平舖在鍋底，再將醃肋排均勻鋪在馬鈴薯上。

5 開火至水滾，先以中火煮 5 分鐘，再轉小火煮 15 分鐘後熄火。

6 蓋上鍋蓋，以餘溫燜 15 分鐘即可完成。

TIPS

- 蒸肉粉也可以自製。請準備 1 杯生米、1 小匙鹽、1 小匙白胡椒、1 顆八角與少許花椒粒，將材料混合以乾鍋炒香，再放入料理機打碎即可。

可·樂·豬·腳

方愛玲

鍋具 24 媽咪鍋

時間 90 分鐘

材　　料
Ingredient

豬腳（前腿）…1支	可樂…………300ml
蔥…………………2根	醬油…………150ml
老薑………………4片	米酒……………50ml
蒜頭………… 3-4瓣	鹽………………… 少許
辣椒………… 1-2條	
八角………… 5-6顆	

準　　備
Prepare

1 蔥切段、辣椒切段、蒜頭去皮。

#若不吃辣，辣椒可省略。

2 豬腳剁塊放入鍋中，加入足以淹過豬腳的冷水後開火，汆燙 5-6 分鐘，煮出血水、雜質後取出洗淨。

作　　法
How to cook

3 鍋中放入豬腳與鹽以外的所有調味料，加水至食材的九分滿後開火。

4 冒煙後轉最小火，續煮 40-50 分鐘，中間不時翻動一下，避免因豬腳膠質過多黏鍋。

5 熄火後，蓋上鍋蓋燜 30 分鐘至 1 小時。

6 開鍋確認鹹度。可視個人喜好，調整鹹度和水量，最後再開火續煮 30 分鐘就完成了。

#❻時可加入水煮蛋製成滷蛋。

#滷製品放到第二天會更加入味。

TIPS

◆ 碳酸成分可讓肉質更軟嫩，因此所有碳酸飲料如：沙士、七喜、啤酒等，均可用來取代可樂，如以啤酒烹煮則不需另外加入米酒。須注意健怡可樂不適用。

瑤·柱·烤·白·菜

江佳君

鍋具	時間	難度
20 雙耳煎鍋	60 分鐘	★

材料 Ingredient

瑤柱（5元硬幣大小）	5顆
米酒	50ml
包心白菜	1顆（1斤）
低筋麵粉	2大匙
高湯	1杯
鮮奶油或鮮奶	2大匙
起司粉或起司絲	2大匙
鹽	1/4小匙

TIPS

◆ 白菜糊也可預先做好冷藏，上菜前只需將白菜烤熱，再撒起司粉烤至金黃色即可。

準備 Prepare

1. 瑤柱洗淨，泡入米酒中浸泡一晚後蒸 20 分鐘，放涼撕碎。

   #瑤柱就是乾干貝。

2. 白菜切 3cm 寬段，汆燙至軟後取出瀝乾。

作法 How to cook

3. 鍋中放入 3 大匙油，以兩圈米粒火炒香麵粉，再緩緩加入高湯和鮮奶油，攪拌均勻成白醬麵糊。

   #鮮奶油若用鮮奶代替，香味會稍淡。

4. 加入瑤柱絲拌勻，以鹽調整鹹度後熄火，先盛出 1/4 的瑤柱白醬置於一旁。

5. 將白菜放入鍋中，攪拌均勻後抹平表面，再將預先取出的白醬平均鋪於上層，撒上起司粉或起司絲。

   #若鑄鐵鍋太大無法進烤箱，可將拌好白醬的白菜裝進烤盤，以烤盤繼續製作。

6. 烤箱以 220° C 預熱，將鑄鐵鍋放入烤箱，烤至表面起司呈金黃色即完成。

帕瑪森松露野菇

謝宜澂

鍋具 26 淺鍋

時間 60 分鐘

難度 ★★

材　料 
Ingredient

6-8人份

主食材

- 綜合野菇……各120g
- 帕瑪森起士……50g
- 鮮奶油……60g
- 巴西里……些許
- 月光下小麥碎粒……些許

＊月光下小麥碎粒可用任意種類的堅果碎替代。

調味料

- 二號砂糖……1大匙
- 粗粒黑胡椒……少許
- 濁水琥珀–常鹽……3大匙
- 米粒醬油……2大匙
- 松露醬……1-2大匙

＊濁水琥珀 - 常鹽和米粒醬油，可分別用傳統黑豆醬油清與醬油膏取代。

作　法
How to cook

1. 將所有菇類手撕至適合入口的大小。
2. 熱鍋後放入菇類，以中火乾煎至表面開始變色。
3. 轉中小火，放入 5-6 大匙初榨橄欖油，炒至菇類完全上色。
4. 加入糖、粗粒黑胡椒與濁水琥珀醬油爆香。
5. 加入鮮奶油、一半的帕瑪森起士與米粒醬油，以大火快速拌勻後熄火，起鍋前再拌入松露醬。
6. 最後刨上其餘的帕瑪森起士，並灑下切碎的巴西里和月光下小麥碎粒即完成。

TIPS

- 綜合野菇爲香菇、杏鮑菇、秀珍菇、鴻喜菇、蘑菇。
- 不同階段火力大小的掌握，決定這道菜的香味層次豐富度。

Chapter 2

零失敗 新手料理

嫩而不柴的鹽水蒸雞，15 分鐘上菜的白酒奶油蛤蜊、直接放進電鍋蒸的干貝蠔油無骨雞腿、利用基本食材就能完成的雙色蘿蔔燒肉；就算是料理新手，也可以輕鬆成功！

鹽·水·蒸·雞

Y小姐

鍋具	時間	難度
18 圓鍋	30 分鐘	★

材　　料
Ingredient 

主食材
- 雞胸肉……2塊
- 蔥……1根
- 薑片……2片
- 水……1/4杯

醃料
- 米酒……1大匙
- 鹽……3/4小匙

作　　法
How to cook

1. 雞胸抹上醃料，靜置 30 分鐘。
2. 將雞胸放入鍋中，放入 1/4 杯水，再放入蔥和薑片。
3. 開中火至沸騰後撈除浮沫，蓋上鍋蓋，轉小火續煮 7 分鐘。
4. 熄火燜 20-30 分鐘，待稍微降溫後即可起鍋享用。
5. 可搭配味噌梅子醬。將去籽切碎的梅乾 1 顆、味噌 1 大匙、味醂 1 小匙、水 1/2 大匙混合均勻即可。

TIPS

◆ 雞胸是常見的健康食材，但烹調不當容易乾柴。利用鑄鐵鍋保溫效果佳的優勢，可用餘溫繼續加熱熟成，讓雞胸軟嫩多汁。

干貝蠔油無骨雞腿

Anny Chuang

鍋具 18 圓鍋

時間 45 分鐘

材　料 Ingredient 

主食材
- 去骨雞腿……1支
- 蒜頭……10-12顆
- 干貝蠔油醬……5-6大匙
- 開水……約120ml

作　法 How to cook

1. 去骨雞腿切塊，蒜頭去皮。

   #將蒜頭切半的話會更容易入味！

2. 將❶的食材與干貝蠔油醬一起放入鍋中，倒入開水攪拌均勻。
3. 將鑄鐵鍋放入電鍋中，外鍋放 1.5 杯水。
4. 電鍋蒸的時間約過一半時，可以打開電鍋，用湯勺攪拌一下，讓底層的雞肉到上方，這樣才蒸得均勻。
5. 待電鍋跳起就完成囉，也可以稍微再燜一下。

迷迭香椒鹽雞翅

Erica Wu

鍋具
28
淺燉鍋

時間
20
分鐘

難度
★

材料 Ingredient

2人份

雞中翅……400g
蒜頭……5瓣
蔥……1根
朝天椒……1條
薑片……10片
麻油……1大匙
椒鹽粉、迷迭香……各2小匙

作法 How to cook

1. 蒜切末、蔥切蔥花、朝天椒切小段。
2. 開中火熱鍋，放入黑麻油及薑片，煸至薑片邊緣蜷曲、散發香味後先取出薑片。
3. 放入雞翅，煎約 15 分鐘，至雞翅兩面呈金黃色。
4. 加入蒜末、蔥花、朝天椒與煸好的薑片，與雞翅一起拌炒均勻。
5. 最後加入椒鹽粉、迷迭香繼續拌炒，約 3 分鐘後即可起鍋。

TIPS

- 將食譜中的雞中翅換成杏鮑菇或鮮蝦也很美味喔！

盛盤使用鍋具：20 愛心鍋

麻油菇菇松阪豬

Anny Chuang

鍋具	時間	難度
20 雙耳煎鍋	40 分鐘	★★

材　　料 
Ingredient

松阪豬……………………9兩
老薑片……………………8-10片
雪白菇……………………1/2包
鴻喜菇……………………1/2包
麻油……………………20-30ml
米酒……………………50-60ml
枸杞…………少許（可加可不加）
鹽……………………少許

準　　備
Prepare

1 松阪豬逆紋切片。
2 菇類去掉蒂頭，雪白菇跟鴻喜菇都是無菌室栽培的，不用再清洗。枸杞稍微沖洗一下。

＃菇類具豐富營養、多醣體、高纖維質、低熱量。

作　　法
How to cook

3 冷鍋倒入麻油，以小火將薑片煸至呈捲曲狀。
4 放入松阪豬，與薑片一起拌炒至松阪豬半熟。
5 加入雪白菇與鴻喜菇拌炒。
6 加入米酒、枸杞，最後再加鹽調整鹹淡就完成了。

TIPS

- 麻油炒太久容易變苦，因此也可以先用食用油煸香薑片，最後再加入少許麻油提味。
- 枸杞為配色用，若沒有可以不加。

雙 · 色 · 蘿 · 蔔 · 燒 · 肉

江佳君

鍋具
20
圓鍋

時間
30
分鐘

難度
★

材料 Ingredient

火鍋肉片 ⋯⋯ 300g
紅蘿蔔 ⋯⋯ 1條
白蘿蔔 ⋯⋯ 1條
洋蔥 ⋯⋯ 1個
高湯或水 ⋯⋯ 200ml
醬油 ⋯⋯ 2大匙
糖 ⋯⋯ 1小匙
香菜或蔥花 ⋯⋯ 少許

＊若不加肉片也可以當蔬食料理。

作法 How to cook

1 紅、白蘿蔔削皮後切0.5cm厚片，也可自由刻花。洋蔥切絲。

2 蘿蔔塊、洋蔥絲放入鍋中，倒入高湯或水，至食材高度的八分滿，再加入醬油和糖，文火慢煮。

3 煮約15-20分鐘至蘿蔔熟透後，再一片一片分開放入火鍋肉片，待再次煮滾後即可熄火。

＃肉片使用豬、牛、羊肉皆可。另外肉片請務必一片一片放入，以免出現內熟外生的情況。

4 可以依照個人喜好，撒上一些香菜或蔥花。

TIPS

◆ 這道料理可以自由發揮，做成鹽味、味噌口味、沙茶口味等，各品牌調味料鹹度不同，請再自行斟酌用量。

透·抽·紅·燒·肉

方愛玲

鍋具 24 雪花鍋

時間 50 分鐘

難度 ★★

材料 Ingredient 

主食材
帶皮五花肉……2斤
大透抽……1隻
紹興酒或米酒……20ml
醬油……100ml
冰糖或二砂糖……1大匙
水……200ml

辛香料
蔥……5根
蒜頭……3瓣
辣椒……1根
八角……3顆

作法 How to cook

1 五花肉、透抽皆切成3公分左右大小。
2 蒜頭去皮切片，辣椒切斜段，蔥切段。
3 鍋中放少許油，從小火開始慢慢加熱，待出現油紋後下五花肉，煎香上色。

#豬肉入鍋以後不要一直翻炒，待一面煎香後再翻面，這樣既不黏鍋，還會讓肉更焦香。

4 放入透抽一起拌炒。
5 加入所有辛香料一起炒香。
6 依序嗆入紹興酒，醬油、糖，翻炒均勻。

#高溫時嗆酒可帶走腥氣，醬油則會帶來醬香。

7 加入200ml的水煮至沸騰。

#水量以至食材的八至九分爲基準。

8 轉小火燉煮約40-50分鐘，至五花肉軟嫩就完成了。

TIPS
- 軟足類食材下鍋燉煮越久越軟嫩。
- 各家品牌的醬油鹹度不同，可以先照食譜量放8成左右，待湯汁快收乾前試試味道，再做最後調整。

鐵·板·燒

黃芬

鍋具
28
淺燉鍋

時間
15
分鐘

難度

材料 Ingredient 

高麗菜……1/4顆
豆芽菜……1包
洋蔥……1/4顆
梅花豬肉片……1盒（約200g）
新鮮香菇……1朵
沙拉油……2大匙
蒜頭……3瓣
辣椒……1條
醬油、味醂、酒……各1大匙
鹽……1又1/2小匙
蒜香黑胡椒……1/2小匙
白芝麻……1小匙

TIPS

◆ 肉片可先用烤肉醬、酒、醬油各 1 大匙抓醃調味。

作法 How to cook

1 高麗菜、豆芽菜、洋蔥洗淨打濕備用。

2 蒜切片，洋蔥、高麗菜切絲，辣椒切絲，香菇刻花。

3 鍋內分三個區塊，均放上油，蒜片、辣椒。

#如不吃辣可省略辣椒。

4 其中一處放上洋蔥絲、肉片，加入醬油、味醂、酒和 1/2 小匙鹽，稍微翻炒。

5 另外兩處各放入高麗菜及豆芽菜，分別撒上 1/2 小匙鹽、1/4 小匙黑胡椒。

6 正中央放上刻花香菇，蓋上鍋蓋，以文火煮至鍋緣冒出水蒸氣後熄火。

7 開蓋，將三道菜色各自拌勻，撒上白芝麻就完成了。

白·酒·奶·油·蛤·蜊

Erica Wu

鍋具 18 圓鍋

時間 15 分鐘

難度 ★

材　料
Ingredient 

蛤蜊……500g
牛番茄……1/2顆
紅蔥頭……8瓣
蒜頭……3瓣
無鹽奶油……25g
新鮮羅勒……1杯
白酒……1杯
鹽、粗黑胡椒……各少許
檸檬……1/2顆

作　法
How to cook

1 將蛤蜊放入1000ml的水中，加入30g鹽，浸泡約2小時，待蛤蜊完全吐沙後撈出，瀝乾水份。
2 紅蔥頭切片，蒜瓣及新鮮羅勒切末，番茄切丁。
3 以中火熱鍋後放入奶油。
4 加入紅蔥頭片、蒜末及番茄丁，拌炒約2分鐘至軟化。
5 放入蛤蜊拌炒均勻。
6 倒入白酒，蓋上鍋蓋燜約6-8分鐘，直到蛤蜊全開。
7 加入3/4杯羅勒、鹽、黑胡椒拌炒均勻。
8 熄火後撒上剩下的1/4杯羅勒，最後擠上檸檬汁後即可起鍋。

TIPS
- 若無新鮮羅勒，可以用九層塔代替。另外，這道菜的醬汁也很適合搭配義大利麵喔！

塔·香·蛤·蜊

湯聖偉

材　料 Ingredient

主食材

- 蛤蜊……900g
- 洋蔥……1/2顆
- 蒜頭……3瓣
- 辣椒……1條
- 蔥……2根
- 芹菜……2支
- 香菜……3根
- 九層塔……1把

調味料

- 醬油、黑醋、米酒……各1大匙
- 糖……2小匙

準　備 Prepare

1. 蛤蜊泡水吐沙後洗淨。
2. 蒜頭、辣椒、芹菜切段，洋蔥切絲，蔥切段。
3. 取一小碗，將所有調味料混合均勻備用。

作　法 How to cook

4. 熱鍋放入 2 大匙油後加入蒜末、辣椒末爆香。
5. 放入洋蔥絲、蔥段和芹菜段拌炒，炒至洋蔥半軟。
6. 先加入❸的調味料後放入蛤蜊，稍微拌炒後蓋上鍋蓋，煮約 3 分鐘。
7. 開蓋，確認蛤蜊全開後放入香菜和九層塔拌勻就完成了。

鮮·蚵·煨·豆·腐

莊鈞媛

鍋具
20
烤盤

時間
15
分鐘

材　料 Ingredient 

主食材

- 鮮蚵……300g
- 嫩豆腐……1盒
- 乾豆豉……1/2大匙
- 蒜末……1小匙
- 辣椒……1條
- 蔥……2-3根

調味料

- 醬油……1/2大匙
- 蠔油……1/2大匙
- 米酒……1大匙
- 水……3大匙
- 太白粉水……2大匙

準　備 Prepare

1 鮮蚵加鹽（份量外）及少許水抓勻後，以清水沖淨瀝乾，裹上太白粉（份量外），以滾水川燙後撈起備用。

2 乾豆豉用水浸泡後沖洗掉雜質，用湯匙壓破。

3 大蒜、辣椒切末，蔥切蔥花，將蔥白與蔥綠分開。

4 嫩豆腐切塊，放入加了 1 小匙鹽（份量外）的水中，開中火煮滾後瀝乾。

作　法 How to cook

5 鍋中放入 1 大匙香油代替油，鍋熱後加入蒜末、蔥白、豆豉炒香，再加人辣椒末拌炒。

\# 如果不吃辣，辣椒末可至❽和蔥花一起撒上配色，亦可不加。

6 加入太白粉水以外的所有調味料，煮滾後放入豆腐，蓋上鍋蓋煮至入味。

7 開蓋放入鮮蚵煨煮入味，淋上太白粉水勾芡後，熄火靜置 5 分鐘。

\# 太白粉水的比例是太白粉：水＝ 1:4

8 重新開火，待煮滾後撒上蔥綠。

\# 盤邊可以另放上烤酥的油條，增加口感與風味。

TIPS

- 熄火靜置 5 分鐘再加熱，可減低因豆腐出水稀釋掉湯汁的濃稠度。

樹・子・炒・水・蓮

Anny Chuang

鍋具	時間	難度
20 雙耳煎鍋	15 分鐘	★

材　　料
Ingredient

水蓮……1包（約200g）
樹子……10-18顆
蒜頭……1瓣
紅蘿蔔（配色用）……少許
黑木耳（配色用）……少許
紅辣椒（配色用）……適量
樹子罐頭湯汁……1-2大匙

作　　法
How to cook

1 水蓮洗淨，去除根部後切段。
2 蒜頭切片，紅蘿蔔、黑木耳、紅辣椒切絲。
3 冷鍋放油，先爆香蒜片。
4 加入紅蘿蔔絲與黑木耳絲拌炒。
5 接著加入樹子和樹子罐頭湯汁，繼續拌炒。
6 放入水蓮，炒約3分鐘後，加入紅辣椒絲，再拌炒一下就完成了。

#樹子罐頭的湯汁已有鹹味，可以試過味道後再斟酌調味。

TIPS

- 炒樹子時，可以將樹子壓破，這樣會更容易入味喔！
- 罐頭湯汁的份量可依個人口味調整。

香·菇·炒·芥·蘭 孫夢莒

鍋具 28 魚鍋

時間 10 分鐘

難度 ★

材　料
Ingredient

4人份

乾香菇	10朵
芥蘭菜	600g
蒜頭	3-4瓣
油、鹽	適量

作　法
How to cook

1 香菇以水泡發後取出，擠去水分後切絲。

2 芥蘭菜洗淨後切段，蒜頭去膜切片。

#洗菜時，可以一併摘除過老的菜葉及菜梗。

3 熱鍋後放入香菇絲爆香，至香菇呈淺褐色時起鍋備用。

4 鍋內放油加熱，爆香蒜頭，再放入芥蘭菜拌炒。

#炒芥蘭菜所需的油量會較其他青菜多出一倍。

5 快熟時加入鹽及香菇絲翻炒後即可起鍋盛盤。

TIPS

- 在熄火後、起鍋前，加入一點點糖拌炒一下，可以防止芥蘭菜太苦喔！

辣・炒・土・豆・絲

Erica Wu

鍋具	時間	難度
28 淺燉鍋	20 分鐘	★★

材　　料 
Ingredient

4 人份

主食材
- 馬鈴薯……2顆
- 青椒……1/2顆
- 大蒜……3瓣
- 蔥……2根

調味料
- 花椒粒……1小匙
- 乾辣椒……5g
- 鹽……1小匙
- 糖……1/2小匙
- 醬油……1大匙

作　　法
How to cook

1. 馬鈴薯去皮後切成細絲，用清水洗 2-3 次，洗去澱粉。

   #洗掉澱粉後，馬鈴薯吃起來才會脆，拌炒時也不容易糊掉。

2. 青椒半顆切絲，大蒜去皮切片，蔥切段。
3. 煮一鍋開水，加入少許白醋（份量外），將馬鈴薯絲汆燙約 30 秒後，撈出泡在冷水中降溫後瀝乾。
4. 開中大火，在鍋中倒入 1 大匙油，油半熱後放入蒜片、花椒、乾辣椒，炒出香氣。

   #怕辣的話可以減少乾辣椒的份量。

5. 放入青椒絲拌炒後，再加入馬鈴薯絲一起拌炒約 1 分鐘。
6. 加入鹽、糖、醬油，拌炒均勻。

   #若把醬油替換成烏醋，就會是醋溜土豆絲。

7. 加入蔥段拌炒一下即可起鍋。

TIPS

- 這道菜也很適合冷藏作爲涼拌小菜食用喔！

花椰菜佐蒜香黑胡椒

黃芬

鍋具 20 烤盤

時間 20 分鐘

難度

★

材料 Ingredient

花椰菜	半顆
刻花香菇	一朵
奶油	1小塊
去籽辣椒片	5片
大蒜	3瓣
蝦米	1大匙
米酒（泡蝦米用）	1大匙
水	1/2杯
鹽	1/2小匙
蒜香黑胡椒粉	1/2小匙

準備 Prepare

1 蝦米洗淨，以米酒浸泡。大蒜去皮切片。

#泡蝦米的米酒須留下備用。

2 花椰菜分切小朵，去除莖部硬皮後以鹽水洗淨。

作法 How to cook

3 鍋中放入1大匙油，開微火，將蒜片、蝦米、辣椒片炒香。

#這道食譜作法無需大火拌炒，健康無油煙。

4 關火後放入奶油，待奶油融化後，放入花椰菜與香菇。

5 加入泡蝦米的酒和半杯水。

6 均勻撒上鹽、蒜香黑胡椒粉。

7 開微火後蓋上鍋蓋，加熱至鍋緣冒水蒸氣後續煮3分鐘，熄火後，燜30秒即完成。

TIPS

- 也可更換成葉菜類：將水減量，一樣加熱至鍋緣冒水蒸氣後盛盤，能保持蔬菜口感清脆。

油燜筍

潔西

鍋具 24 雪花鍋

時間 20 分鐘

難度 ★

材　料　Ingredient

桂竹筍……600g
油……3大匙
醬油……5大匙
糖……4大匙

作　法　How to cook

1. 將桂竹筍撕成條狀後切段。
2. 將桂竹筍放入滾水中汆燙去除酸味，撈起後瀝乾。
3. 鍋中放入3大匙油，放入桂竹筍拌炒後，加入醬油與糖調味，再加些水（份量外）翻炒。
4. 蓋上鍋蓋，轉小火燜煮15分鐘至筍絲入味。中間可開蓋稍微翻炒。

＃燜的時間越長會越入味。

TIPS

- 油燜筍放涼之後冷藏，約可保存5天左右。放越久會越入味喔！

白·醬·蘆·筍

謝宜澂

鍋具 20 圓鍋

時間 60 分鐘

難度 ★★

材料 Ingredient

主食材

- 白蘆筍……約20支
- 巴西里……3g
- 黃檸檬皮……半顆

高湯水

- 水……1000ml
- 奶油……50g
- 濁水琥珀-原鹽……1大匙
- 新鮮百里香……1大支

白醬

- 鮮奶油……60g
- 粉紅鹽……少許
- 水……15ml
- 小麥粉……5g

作法 How to cook

1 **製作高湯水**在鍋中加入1000ml的水，水滾後依序加入奶油、百里香和原鹽醬油後轉中小火。

2 取白蘆筍前段約1/3部分，洗淨後於高湯水中煮熟。

3 **製作白醬**取另一小鍋，加入鮮奶油、粉紅鹽，並以小麥芡汁勾芡完成白醬。

#將水15ml與小麥粉5g調勻即是小麥芡汁。

4 將煮好的白蘆筍放入盤中，淋上白醬，最後灑下切碎的巴西里、刨入黃檸檬皮絲即完成。

TIPS

- 剩餘的蘆筍與蘆筍皮，可用來熬湯。
- 醬油可使用黑豆醬油替代。

麻·油·煎·麵·線

Coco Chang

鍋具
28
淺燉鍋

時間
20
分鐘

難度
★

材　料
Ingredient

麵線……2把
薑末……少許
雞蛋……2顆
麻油……適量

作　法
How to cook

1 以清水將麵線表面的鹽與麵粉洗淨，下水汆燙後瀝乾備用。
2 薑切末，兩顆雞蛋打散。
3 鍋中放入麻油，加入薑末以小火煸出香氣。
4 將瀝乾的麵線均勻平鋪於鍋底。

#鋪得越薄就能煎得越酥脆。

5 將蛋液均勻淋在麵線上。

#如果喜歡香菜的話，也可在這個步驟加入香菜一起煎。

6 待麵線煎得金黃酥脆後翻面，兩面均呈金黃色即完成。

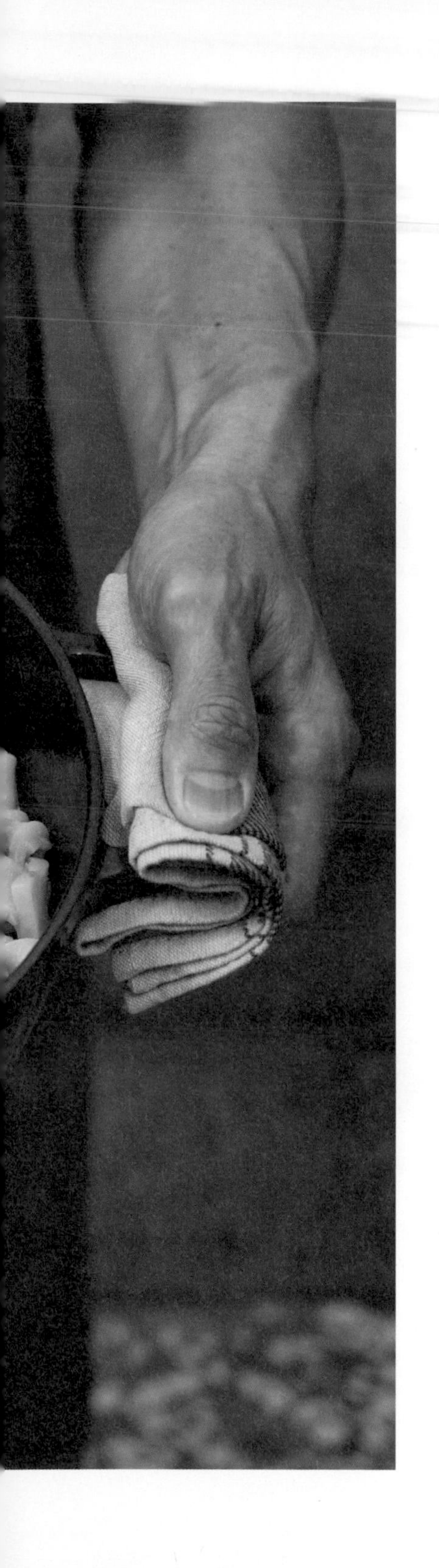

Chapter 3

週末來挑戰！華麗的宴客料理

餐廳裡才會出現的粄條蒜泥蒸蝦、充滿節慶感的糖醋松鼠魚、還有手工製作的獅子頭。除了擺盤華麗的菜色，也收錄需要多花一點時間的香滷肉排、紹興燉牛肉等料理。

西・魯・肉

湯聖偉

鍋具
28
淺燉鍋

時間
30
分鐘

難度
★★★

材　料
Ingredient

主食材

- 大白菜……2顆
- 肉絲……100g
- 乾香菇……5朵
- 桶筍……1支
- 蒜頭……3瓣
- 蔥……2支
- 水……800ml
- 芹菜……2支
- 香菜……3支

蛋酥

- 雞蛋……2顆
- 油……適量

調味料

- 太白粉……5小匙
- 水……2大匙
- 醬油、糖……各2大匙
- 鹽……1小匙
- 米酒……少許
- 味精……1小匙
- 黑醋……3大匙
- 香油……少許

準　備
Prepare

1 香菇以水泡軟，香菇水留下。
2 大白菜洗淨後切成 1cm 粗絲。
3 將❶的香菇、桶筍切絲，蒜頭、芹菜切末，香菜、蔥切段。
4 **製作蛋酥**取一碗將雞蛋打散，於鍋中倒入適量的油，待油熱後以漏勺倒入蛋液，炸成金黃色的蛋酥後撈起。

作　法
How to cook

5 熱鍋後放兩大匙油，加入蒜末、蔥段，以大火爆炒出香氣。
6 放入肉絲炒熟後，再加入香菇絲拌炒。
7 加入 800ml 的水與香菇水，接著放入白菜絲、桶筍絲。蓋上鍋蓋，轉中火煮至白菜軟化。
8 白菜軟化後，加入醬油、糖、鹽、少許米酒和味精調味，等待煮滾。
9 等待❽煮滾的空檔，可將太白粉加入 2 大匙水，調成太白粉水。
10 煮滾後將太白粉水倒入鍋中，稍微攪拌勾芡。
11 淋上黑醋、香油後熄火。
12 將蛋酥鋪滿表面，接著撒上芹菜末，最後放上香菜點綴即完成。

粄條蒜泥蒸鮮蝦

湯聖偉

鍋具
28
淺燉鍋

時間
25
分鐘

材　料
Ingredient

主食材	粄條	500g
	草蝦	12隻
	洋蔥	1/2顆
	蔥	2根
	香油	2大匙
蒜泥醬	蒜頭	10瓣
	醬油膏	5大匙
	米酒	1大匙
	二號砂糖	3小匙
	水	5大匙

準　備
Prepare

1 粄條切成 1cm 寬，蒜頭、蔥切末，洋蔥切絲備用。

2 草蝦以剪刀剪除蝦鬚、蝦腳，並剪開蝦背挑除腸泥。

3 **製作蒜泥醬** 蒜頭切末，加入醬油膏、米酒、糖、水混合均勻製成蒜泥醬備用。

作　法
How to cook

4 洋蔥絲鋪滿鍋底，再鋪上切好的粄條。

5 將蝦子平均在粄條上擺成一圈，淋上蒜泥醬。

6 開中小火，蓋上鍋蓋煮約 7 分鐘。

7 開鍋蓋，確認蝦子熟後放上蔥末。

8 另取一小鍋，將香油加熱至冒煙後淋在蔥末上就完成了。

TIPS

- 起鍋前淋上 1 大匙紹興酒，滋味會更香濃。

栗・子・燒・雞

江佳君

鍋具 18 圓鍋

時間 30 分鐘

難度 ★

材　料
Ingredient

新鮮栗子……………………300g
中型香菇……………………5朵
去骨去皮雞腿肉……………………600g
薑……………………1段（約20-30g）
綠花菜……………………少許
糖……………………1大匙
醬油……………………2大匙

作　法
How to cook

1 另取一鍋，將新鮮栗子洗淨放入鍋內，倒入冷水（份量外）至剛好淹過栗子，加入糖，開小火煮 10 分鐘後熄火，保持關蓋備用。

#栗子也可用即食熟栗子取代，即食栗子不用煮，但口感不同，吃起來會像栗子拌肉。

2 香菇洗至軟化後切粗絲，雞腿肉切成 5x5cm 塊狀，薑切薄片。

3 開米粒火，放入 2 大匙黑麻油，以冷鍋冷油將薑片煸至邊緣呈波浪狀，放入香菇爆香。

#此時可依個人喜好，加入胡椒或辣椒調味。

4 放入雞腿肉煎至表面微焦，放入醬油，拌炒至散發香味後即可倒入栗子與 100ml 栗子水，蓋上鍋蓋煮 15 分鐘。

#請適時開蓋翻炒，讓肉上色均勻。

5 將綠花菜燙熟後即可裝飾擺盤。

#擺盤時也可另外搭配搭幾朵鈕扣菇。

TIPS

- 全程以米粒火烹煮。
- 以糖水煮栗子，可確保栗子熟透軟化，而用栗子湯汁煮肉，能讓肉類吸取栗子甜味。翻炒栗子時注意動作輕柔，避免栗子散掉。

紅‧燒‧雙‧耳（蔬食）

江佳君

鍋具
24
和食鍋

時間
60
分鐘

難度
★★

材　料 
Ingredient

主食材
- 黑木耳（泡水瀝乾後）……200g
- 白木耳（泡水瀝乾後）……200g
- 乾金針（泡水瀝乾後）……100g
- 乾香菇（泡水瀝乾後）……100g
- 青毛豆仁……100g
- 蔥……3根
- 薑……1段

調味料
- 白胡椒粉……1/2小匙
- 醬油……1大匙
- 糖……1小匙
- 酒……1大匙
- 高湯或水……200ml
- 鹽……1/4小匙
- 香油……1/2小匙

TIPS

◆ 這道料理是以紅燒烤麩的方式烹煮，因此也可加入烤麩一同料理，即爲紅燒烤麩。市售烤麩經過油炸，若對油品有疑慮可選擇未油炸烤麩，自己油炸或直接料理均可。

準　備
Prepare

1 乾黑木耳、乾白木耳、乾金針、乾香菇以冷水泡開後取出瀝乾。

#若是功夫菜，可將金針打結。

2 蔥切大段，薑切片，黑白木耳撕小塊。大朵香菇分切四塊，小朵的話可不切。毛豆仁燙熟備用。

#黑、白木耳也可用新鮮木耳取代。

作　法
How to cook

3 熱鍋後放入1大匙油，爆香蔥白、薑片後再加入香菇和白胡椒粉爆香。

4 待鍋中散發香菇香味後，加入兩種木耳與金針拌炒。

5 加入醬油、糖、酒、高湯與鹽，蓋上鍋蓋，以文火煨煮20-30分鐘。

#如使用新鮮木耳煨煮時間可縮短，可依喜好決定木耳的軟嫩度。

6 確認木耳口感與鹹度沒問題後，開蓋加入蔥綠和毛豆仁，拌炒3分鐘，將湯汁收乾後加入香油即可。

#這道料理冷食、熱食各有風味，加入梅花豬肉拌炒也非常適合。

紅・燒・獅・子・頭

孫夢莒

鍋具	時間	難度
24 圓鍋	90 分鐘	★★★

材料 Ingredient

6顆份

主食材

材料	份量
大白菜	1顆
絞肉	600g
中型乾香菇	10朵
高湯	1000ml

蔥薑水

材料	份量
蔥	1根
薑片	5片
水	150ml

調味料A（獅子頭用）

材料	份量
紹興酒	30ml
二號砂糖	10g
蛋白	1顆份
蔥	2根
醬油	2大匙
白胡椒粉	2g
鹽	5g
去邊吐司	2片

調味料B（湯底用）

材料	份量
蔥	2根
薑片	5片
蒜頭	3瓣
醬油	2大匙
蝦米	30g

作法
How to cook

1 **製作蔥薑水**將蔥薑水材料放入小碗內，以手揉捏釋放蔥、薑的味道至水中，靜置 5 分鐘。

2 **調味料A** 的吐司切丁，2 根蔥切蔥花。將乾香菇泡水，蝦米泡紹興酒（份量外）備用。

3 將絞肉放入食物調理機，加入 50ml 蔥薑水，蓋上蓋攪拌 3-5 下。

4 重複一次上述動作後，將剩餘蔥薑水全部倒入，攪拌使絞肉充分吸收水份。

5 加入紹興酒、糖、蛋白，攪拌 5-10 下，讓絞肉呈蓬鬆狀。

#如無食物調理機，可用剁刀將絞肉剁至有黏性後打水並調味。

6 將絞肉放入調理盆中，加入醬油、白胡椒粉、鹽攪拌。最後加入吐司丁、蔥花攪拌均勻，完成肉餡。

#吐司丁可用 50g 麵包粉取代。

7 將肉餡分成 6 等份，捏實後分別甩拍幾下做成肉丸子。

8 取鍋倒入炸油（份量外）至五分滿，加熱油溫至 170-180° C，將肉丸子分兩次放入油鍋中，油炸至表面呈金黃色定型後取出。不需炸到全熟。

#此處可以使用 23 橢圓鍋作爲炸鍋。

9 大白菜先取下 10-12 片菜葉清洗乾淨。接著將整顆大白菜從中間切斷，分開菜葉及菜梗。2 根蔥切蔥段。蒜頭去皮切末。

#菜梗切小段，較好入口。

10 圓鍋加入少許油加熱，將薑片、蔥段、蒜末依序放入鍋中爆香，取出泡好的蝦米放入鍋中拌炒。

11 倒入醬油與泡蝦米用的紹興酒，稍微煮滾至產生梅納反應。

12 倒入 500ml 高湯，加入大白菜梗，接著取 6 片大白菜葉均勻鋪在鍋內，放上肉丸後把剩下的大白菜葉鋪在肉丸上，香菇沿鍋邊擺放一圈。

13 倒入剩下的高湯及香菇水至九分滿，煮滾後關蓋，轉米粒火燉煮 40 分鐘即完成。

日·式·高·麗·菜·捲

林正貞

鍋具
28
魚鍋

時間
50
分鐘

難度
★★

材料 Ingredient

主食材

- 高麗菜……1顆
- 豬絞肉（低脂）……400g
- 荸薺……300g
- 紅蘿蔔……1條
- 洋蔥……1顆
- 蔥……2根
- 薑……1小段
- 雞蛋……1顆
- 韭菜……1把（綁繩用）
- 鹽……4-5小匙
- 胡椒粉、肉桂粉……各少許

關東煮沾醬

- 醬油膏……1大匙
- 味噌……1大匙
- 豆瓣醬……1大匙
- 番茄醬或甜辣醬……1大匙
- 味醂……1大匙
- 關東煮高湯……2大匙
- 二號砂糖……少許

> **TIPS**
> ◆ 煮好的高麗菜捲冷凍後做任何料理都很方便，可以煮關東煮、當作火鍋配料，或是單出一道菜。

準備 Prepare

1. 絞肉絞細 2 次。
2. 將紅蘿蔔、荸薺、洋蔥切丁，蔥切蔥花，薑切末。
3. 韭菜汆燙約 15 秒後取出瀝乾。
4. 取一深鍋，汆燙整顆高麗菜。鍋中放適量水，先將高麗菜挖除菜心，缺口面朝下放入鍋中汆燙菜葉，接著翻面汆燙至菜葉稍軟後取出放涼。
5. 取下一片片完整高麗菜葉，分為大片菜葉一疊，小片菜葉一疊。

燙過後稍軟的菜梗，可以修下後切碎加入絞肉餡中。

作法 How to cook

6. 豬絞肉中加入所有蔬菜丁、蔥花、薑末、切碎的菜梗、雞蛋，再依序加入鹽、胡椒粉、肉桂粉攪拌至有黏性後，摔打排出空氣。
7. 取一片大的高麗菜葉，上方再鋪一片小葉，放上適量絞肉餡，先捲起小片菜葉，再以大片葉包起。

包高麗菜捲時使用兩層葉片較不易破，可將比較翠綠的葉片包在外層。

8. 以韭菜為綁繩綁緊打結，再用保鮮膜包起高麗菜捲。

將保鮮膜像糖果包裝般兩端捲起，可以維持高麗菜捲不鬆散。

9. 將高麗菜捲放入鍋中，倒入適量水（份量外），蓋上鍋蓋蒸約 15 分鐘後取出放涼。

紹・興・燉・牛・肉

Erica Wu

鍋具
24
和食鍋

時間
70
分鐘

難度
★★

材料 Ingredient

牛腱	1000g
白蘿蔔	1條
蒜頭	10瓣
蔥	2根
薑片	8片
花椒粒	1小匙
辣豆瓣醬	3大匙
酒釀	1大匙
紹興酒	1瓶

準備 Prepare

1. 薑切片，蒜瓣壓碎，蔥切段，白蘿蔔切塊。
2. 牛腱切塊以滾水汆燙備用。

   #別切得太小塊，因牛腱煮後會縮小。

作法 How to cook

3. 開中火，鍋熱後倒入1大匙油及花椒粒爆香，散發香氣後將花椒粒撈出。
4. 將薑片、大蒜與蔥段加入鍋中，與花椒油拌炒。
5. 放入辣豆瓣醬，炒出香氣。
6. 加入汆燙後的牛腱塊，拌炒均勻。
7. 鍋中倒入一整瓶紹興酒及酒釀，煮滾後加入白蘿蔔塊。
8. 轉小火，蓋上鍋蓋，燜煮50-60分鐘後即完成。

   #若怕酒味太重，可開蓋讓酒精蒸發後，再蓋上鍋蓋燜煮。

TIPS

- 烹煮過程不加醬油、不加水，若成品味道太淡可用適量鹽調味。
- 這道菜很適合搭配辣椒蒜頭炒豆芽一起吃！

乾・燒・蝦・仁

莊鈞媛

鍋具
20
圓鍋

時間
15
分鐘

難度
★

材　料 Ingredient

主食材
- 蝦仁……300公克
- 蔥……1根

調味料
- 太白粉……2大匙
- 薑末……2小匙
- 蒜末……1小匙
- 辣豆瓣醬……1大匙
- 番茄醬……3大匙
- 米酒……1大匙
- 糖……1小匙
- 水……1杯

醃料
- 米酒……1大匙
- 鹽……少許

準　備 Prepare

1 蝦仁洗淨瀝乾，混合醃料抓醃後放入冰箱冷藏，醃製30-60分鐘。

2 蔥白切段，蔥綠切蔥花備用。

作　法 How to cook

3 從冰箱取出蝦仁，表面裹上太白粉。

4 鍋中放入少許油，將蝦仁下鍋煎至表面呈金黃色（約6-7分熟）後取出。

5 同鍋放入薑末、蒜末、蔥白炒香，接著放入辣豆瓣醬、番茄醬，以小火炒出香氣。

6 轉大火調味料中的水、米酒、糖煮滾。

7 將蝦仁放回鍋中，煮至醬汁稍微收乾即可起鍋，撒上蔥花就完成了。

＃多加1大匙甜酒釀，風味會更好。

TIPS

- 辣豆瓣醬及番茄醬比例可視個人喜好調整。
- 建議使用台灣的辣豆瓣，色澤較亮紅；若使用郫縣辣豆瓣則色澤偏暗。

黑啤酒醉漢燉肋條

劉錦昌

鍋具	時間	難度
24 蜂巢鍋	90 分鐘	★★★

材料 Ingredient

主食材

- 豬肋條 …… 400g
- 紅蘿蔔 …… 250g
- 馬鈴薯 …… 250g
- 紅、黃甜椒 …… 各1顆（共250g）
- 洋蔥 …… 1顆（250g）
- 雞、豬混合高湯 …… 200ml
- 黑啤酒 …… 300ml

調味料

- 蜂蜜 …… 1小匙
- 紅椒粉 …… 1小匙
- 伍斯特醋 …… 1大匙
- 第戎芥末醬 …… 1小匙
- 鹽 …… 1小匙
- 黑胡椒 …… 適量

香草

- 巴西利 …… 1小把
- 月桂葉 …… 2片
- 百里香 …… 2支

作法 How to cook

1 紅蘿蔔、馬鈴薯去皮後以滾刀切塊，甜椒切大塊，洋蔥切丁。

2 巴西利切末，月桂葉、百里香以料理棉線綁成香草束。

3 烤箱以 140° C 預熱。

4 豬肋條洗淨後擦乾，表面撒上海鹽、黑胡椒（份量外）調味，熱鍋熱油，以中大火將豬肋條表面煎至上色後取出備用。

5 同鍋放入洋蔥丁，炒至透明後加入蜂蜜，續炒至呈金黃色後熄火，再加入紅椒粉，以餘溫炒香。

6 開中火，放入紅蘿蔔、馬鈴薯塊，徐徐倒入黑啤酒煮滾，煮至酒精味揮發。

可以選用德國小麥釀造的黑啤酒。

7 將豬肋條放回鍋中，加入伍斯特醋、第戎芥末醬、鹽、黑胡椒及香草束，倒入高湯再次煮滾後，撈除浮沫。

8 熄火，蓋上鍋蓋放入烤箱慢烤 60 分鐘，放入甜椒，開蓋續烤 20 分鐘收汁。

9 起鍋前灑上巴西利末即完成。

TIPS

- 也可以用市售高湯或水取代混合高湯，不過須自行調整鹽的份量。
- 食譜也可使用 24cm 淺鍋製作。

香・滷・肉・排

江佳君

鍋具
23
橢圓鍋

時間
3
小時

難度
★★

材　料 Ingredient 

主食材

梅花肉 ………… 900g
蔥 ………… 3根
薑片 ………… 1大段

調味料

紹興酒 ………… 100ml
醬油 ………… 25ml
醬油膏 ………… 25ml
糖 ………… 1大匙
八角 ………… 1個
月桂葉 ………… 2片
肉桂 ………… 1支
水 ………… 100ml

TIPS

◆ 綁肉時可將肉粽繩連接在一起使用。600g 的肉用一條棉繩即足夠，900g 的肉則需要兩條棉繩，將棉繩接好後再開始綁肉。

作　法 How to cook

1. 蔥切段，薑切片。
2. 以棉繩綑綁梅花肉，盡量綁緊。
3. 熱鍋放 10ml 油，熱油後將肉捲煎至表面上色後起鍋。
4. 放入蔥段、薑片爆香。
5. 肉捲放回鍋內，加入所有調味料，以兩圈米粒火燉 1.5 小時，熄火後再燜 1 小時。

   # 在燉煮肉捲的階段，每 30 分鐘須翻面一次。

6. 肉捲剪除棉繩，切厚片擺盤，開大火將鍋中湯汁煮至濃稠，滴入少許香油（份量外）即可製成淋醬。

   # 淋醬可以搭配肉排，也可以另外搭配餅皮，一起享用。

海參蹄筋燴海鮮

湯聖偉

鍋具	時間	難度
33 魚拓鍋	30 分鐘	★★★

材　料 Ingredient 

4人份

主食材

海參	3條
蹄筋	4條
透抽、魷魚	各1/2隻
紅蘿蔔	1/2條
桶筍	1/2支
蔥	2根
蒜頭	3瓣
甜豆	約10根
青花菜	1顆
水	200ml

勾芡

太白粉	1大匙
水	3大匙

調味料

蠔油、醬油	各2大匙
二號砂糖	2小匙
紹興酒、香油	各1大匙
黑醋	2大匙

準　備 Prepare

1. 海參、蹄筋、透抽、魷魚切塊。
2. 紅蘿蔔、桶筍切片。
3. 蔥切段，蒜頭切末。
4. 甜豆、青花菜燙熟，將青花菜切成小朵。

作　法 How to cook

5. 熱鍋放 2 大匙油，放入蔥段與蒜末爆香，再倒入蠔油，炒出香氣。
6. 加入 200ml 水，接著再放入醬油和 2 小匙糖。
7. 放入紅蘿蔔片以及筍片，拌炒約 1 分鐘。
8. 放入蹄筋、海參拌炒 2 分鐘後，再放入透抽、魷魚拌炒 1 分鐘。
9. **勾芡**太白粉加水調成芡水，倒入鍋中勾芡。
10. 熄火後加入紹興酒、香油、黑醋，放入甜豆攪拌均勻。
11. 將預先燙好的小朵青花菜排放在鍋邊裝飾就完成了。

腰果牛肉炒年糕

江佳君

鍋具
24
和食鍋

時間
30
分鐘

難度
★

材　料 Ingredient 

主食材
- 沙朗牛排 …… 300g
- 年糕 …… 300g
- 生菜葉 …… 數片
- 腰果 …… 100g
- 沙茶醬 …… 1大匙
- 甜麵醬 …… 1大匙

醃料
- 醬油 …… 2小匙
- 酒 …… 2小匙

作　法 How to cook

1. 牛肉與年糕皆切成 2x2x2cm 的立方體。
2. 均勻混合醬油與酒，將牛肉醃製 30 分鐘。
3. 年糕塊以水煮軟，取出瀝乾。

   #不需煮太久，確認有軟化即可。
4. 熱鍋熱油，放入牛肉炒至五分熟，表面微微變色後先起鍋。
5. 再倒入一點油，炒香沙茶醬與甜麵醬後放入年糕，待年糕上色均勻，再加入牛肉拌炒 30 秒即可。
6. 以生菜葉鋪於盤底，牛肉與年糕盛盤，再撒上腰果裝飾。

   #堅果類也可換成松子或核桃，但擇一即可。

TIPS
- 年糕用韓國年糕或寧波年糕都可以。
- 醬料與辣度可視喜好調整或替換。

糖・醋・松・鼠・魚

莊鈞媛

鍋具
28
魚鍋

時間
50
分鐘

難度
★★★

盛盤使用鍋具：31 魚碟

材　　料 Ingredient

主食材

- 三牙魚……300g
- 紅甜椒……1顆
- 黃甜椒……1顆
- 洋蔥……1/2顆
- 地瓜粉……1杯
- 薑末……1小匙
- 蒜末……1又1/2小匙
- 香菜……2-3根

調味料

- 番茄醬……4大匙
- 糖……1大匙
- 水……1杯
- 醬油……1/2杯
- 白醋……1大匙
- 太白粉……1又1/2大匙
- 水（芡水用）……6大匙

醃料

- 鹽……1/2小匙
- 白胡椒粉……1/4小匙
- 米酒……1小匙

TIPS

- 蔬菜可視個人喜好替換，注意若使用綠色蔬菜（青椒或小黃瓜），遇酸易變黃。亦可撒上松子或喜歡的堅果。

作　法
How to cook

1. **製作醃料**將鹽、白胡椒粉、米酒混合均勻。
2. 紅甜椒、黃甜椒及洋蔥切丁。
3. 三牙魚洗淨後擦乾水份，從魚鰭的位置剁下魚頭（圖 A）。
4. 將魚頭從中間剖成兩半（圖 B、C）。
5. 魚身延著背鰭，貼著骨頭平刀切下兩面肉片，切記不要切斷魚尾（圖 D、E）。
6. 從接近魚尾的地方切斷魚骨（圖 F），再將兩面魚腹部的刺以平刀取下（圖 G）。

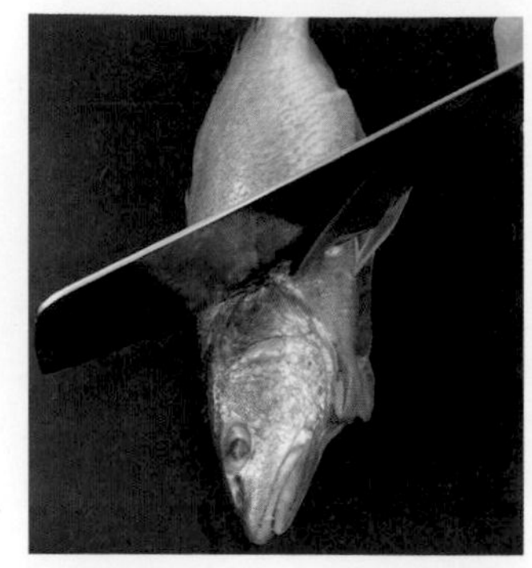
圖 A

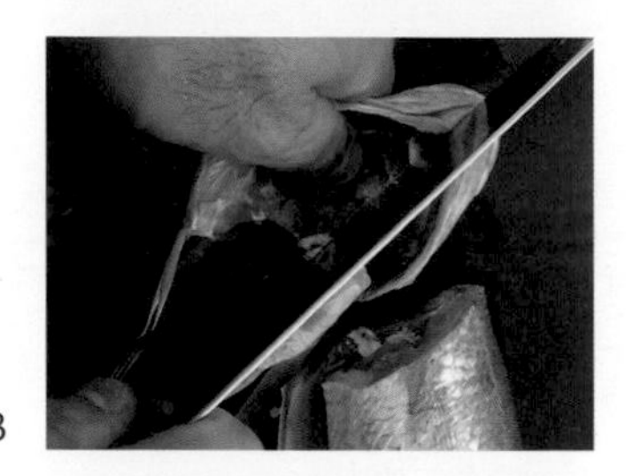
圖 B

圖 C

圖 D

圖 E

圖 F

圖 G

7 將魚肉部分切成菱格紋狀，均勻塗抹醃料。

8 靜置10分鐘後，均勻抹上地瓜粉，並從魚尾拿起，將多餘的粉拍落，注意魚頭也要沾粉。

也可以先打散 1 顆蛋，在魚身上塗抹蛋液後再裹粉。

9 將食用油倒入鍋內，開中火熱油至170-180° C，一手捏緊魚尾，將魚下鍋炸定型。

10 接著慢慢放開魚尾，讓整隻魚及魚頭一同放入油鍋。炸至金黃後起鍋瀝油。

11 將紅甜椒、黃甜椒、洋蔥丁入油鍋過油。

12 倒出炸油，鍋中放入薑末、蒜末炒香。

13 **製作糖醋醬**加入番茄醬、糖拌炒至糖化開後，倒入醬油與 1/2 杯水煮滾，接著放入太白粉水與白醋。

另外 1/2 杯水調整醬汁濃稠度，若太稠可酌量加入。

14 加入過油後的蔬菜丁拌勻後起鍋。

15 鍋中擺入炸好的魚頭及魚身，淋上醬料並擺上香菜就完成。

珍珠丸子

林正眞

鍋具	時間	難度
28 魚鍋	70 分鐘	★★

材 料 Ingredient

圓糯米	600g
豬絞肉	600g
荸薺	600g
蔥花	1/2碗
薑末	3小匙
醬油	2大匙
米酒	2小匙
鹽	4小匙
水	1碗多

*需準備錫箔盒。

作 法 How to cook

1 糯米洗淨後浸泡一晚，撈起後瀝乾水份備用。

#圓糯米須浸泡隔夜，蒸時米心才會透。

2 絞肉加入切碎的荸薺、蔥花、薑末、醬油、米酒、鹽攪拌均勻，持續攪拌至絞肉出現黏性。

#荸薺不要切太碎，可以保留一些口感。

3 開始打水，絞肉一次加一點水，持續攪拌至水被絞肉吸收，再重複前述動作至加完所有水。

#經過打水的絞肉餡呈水狀，此步驟可以讓蒸完的肉餡軟嫩不柴。

4 雙手沾水，取出適量內餡稍微摔打後，放入糯米中，讓肉餡均勻沾上糯米，以雙手稍微整型。

5 將珍珠丸子放入錫箔盒中。

#使用錫箔盒可避免丸子變形，也方便食用。

6 為盒中的丸子進行最後一次整形。以手沾米，讓珍珠丸子更渾圓。

7 鍋中放7分滿的水（份量外），待水滾後放入蒸架和錫箔盒，蓋上鍋蓋，全程以大火蒸30分鐘。

#如果糯米沒有用完，可以墊在丸子下方一起蒸，增加飯量和飽足感。

TIPS

◆ 荸薺的份量可以依個人喜好調整。

蜜·汁·烤·小·卷

黃芬

鍋具	時間	難度
24 橢圓烤盤	30 分鐘	★

材料 Ingredient

船凍小卷……10-15隻

蜜汁燒烤醬……1大匙

白芝麻……1小匙

七味粉……1小匙

作法 How to cook

1 小卷洗淨後去除軟骨、墨囊，以及眼睛。

＃如喜歡墨囊的滋味也可不去除。

2 用餐巾紙吸乾小卷水份，正面以刀劃 3 道刻痕，較容易入味。

3 烤盤墊一張烘焙紙，放上小卷，正面刷上一層蜜汁燒烤醬。

＃烤盤上墊一張烘焙紙，不僅不易沾黏，使用後也容易清洗。

4 烤箱預熱 180° C，將烤盤放入烤 15 分鐘後取出，再刷一層蜜汁燒烤醬，放回烤箱以 200° C 續烤 3 分鐘。

5 出烤箱，撒上白芝麻、七味粉即完成。

＃食用前還可以另外撒上燒烤粉，增添風味。

TIPS

◆ 實際的烘烤時間須依小卷的大小調整。第一次烤到小卷略縮，回烤至表面上色即可。

馬鈴薯菠菜烘蛋

江佳君

鍋具	時間	難度
20 雙耳煎鍋	60 分鐘	★

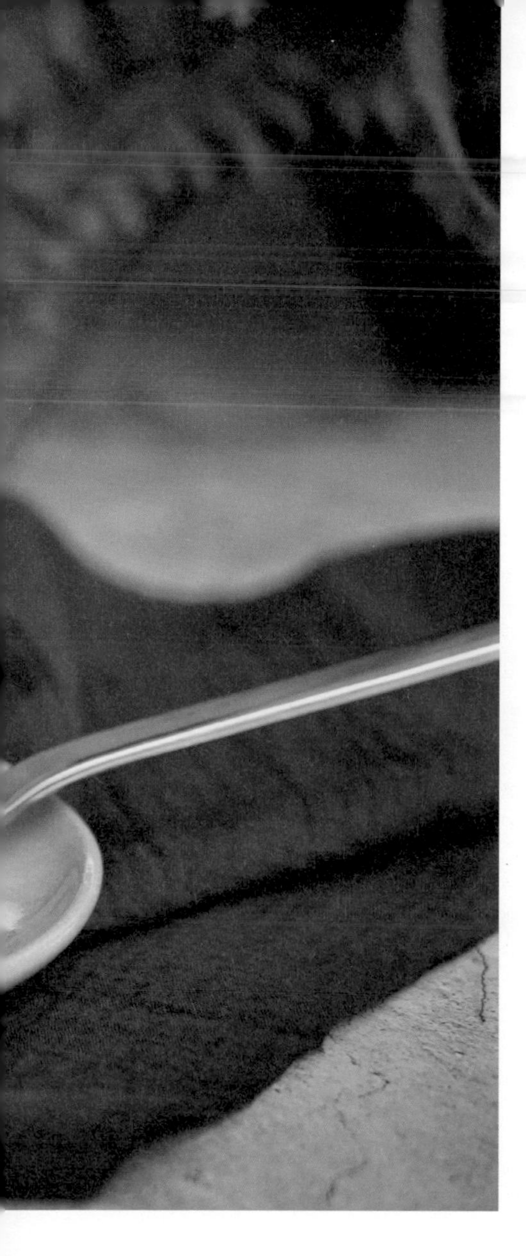

材　料
Ingredient

主食材
- 中型馬鈴薯……1顆
- 菠菜……300g
- 洋蔥……1/2顆
- 培根……4片
- 雞蛋……4顆

調味料
- 奶油……10g
- 鮮奶……50ml
- 鹽……1/2小匙
- 黑胡椒粉……1/4小匙
- 焗烤乳酪絲或粉……50g

作　法
How to cook

1. 馬鈴薯切大塊，煮熟瀝乾後，趁熱加入奶油，壓成粗泥狀。
2. 菠菜燙熟後瀝乾，切 3cm 段狀。
3. 洋蔥切丁，培根切 3cm 小塊，蛋加入鮮奶和鹽打散。
4. 熱鍋放少許油，放入培根煎至焦香後，放入洋蔥丁拌炒。此時可先將烤箱以 200° C 預熱。
5. 洋蔥炒熟後熄火，加入馬鈴薯泥、菠菜段、黑胡椒粉拌勻後，再倒入❸的蛋奶液拌勻。
6. 放入烤箱，以 200° C 烤 20 分鐘後取出，撒上乳酪絲再烤 5-10 分鐘，至乳酪絲呈金黃色即可。

這道料理只需加上派皮，就可以做成法式鹹派。

TIPS

- 培根也可用火腿或熱狗取代，若爲蔬食者，則改爲多加一些洋蔥。

焦白菜佐番茄醬

謝宜澂

鍋具	時間	難度
28 魚鍋	45 分鐘	★

材　料 Ingredient 

主食材

- 娃娃菜 ……… 6-8顆
- 玉米筍 ……… 適量
- 辣椒粗粒 ……… 少許
- 月光下小麥碎粒 ……… 適量

淋醬

- 初榨橄欖油 ……… 2-5大匙
- 乾香菇 ……… 30g
- 小番茄 ……… 10顆
- 水 ……… 30ml
- 小麥粉 ……… 5g
- 二號砂糖 ……… 1大匙
- 粗粒黑胡椒 ……… 少許
- 濁水琥珀-常鹽 ……… 1大匙
- 米粒醬油 ……… 1大匙

TIPS

- 濁水琥珀 - 常鹽和米粒醬油，可用傳統黑豆醬油清與醬油膏取代。
- 月光下小麥碎粒可用任意種類的堅果碎替代。

作　法 How to cook

1. 乾香菇泡軟後切丁，小番茄切半，娃娃菜切半。
2. 將娃娃菜、玉米筍以小火煎至表面金黃後起鍋。
3. 另取一小鍋，加入橄欖油，將乾香菇爆香，再加入小番茄熬煮。
4. 加入糖、粗粒黑胡椒與琥珀醬油增加香氣。
5. 加入水與小麥粉芡汁，最後再用米粒醬油收尾，完成番茄香菇醬。
6. 將❷的娃娃菜、玉米筍置於盤中，淋上❺蕃茄香菇醬。
7. 灑下辣椒粗粒與月光下小麥碎粒即完成。

STAUB

Chapter 4

迷人的異國風味餐桌

西班牙蒜味蝦、義式水煮魚、諾曼第風味奶油蘋果豬、葡國雞、美式雞肉麵湯、日式漢堡排、韓式蒸蛋……無法說走就走的旅行，就透過餐桌上的味覺一一想念。

西·式·燉·羊·膝
江佳君
鍋具
24
和食鍋
時間
3
小時
難度
★★★
STAUB

材料 Ingredient

6人份

主食材

- 羊膝……2支（約800g）
- 紅蘿蔔……1條
- 馬鈴薯……3顆
- 牛番茄……2顆
- 洋蔥……2顆
- 西洋芹……3支
- 紅酒……300ml
- 牛高湯……300ml
- 月桂葉……2片
- 番茄糊……50ml
- 迷迭香、百里香……各數支

醃料

- 鹽……1/4小匙
- 大蒜粉……1/4小匙
- 紅椒粉……1/4小匙
- 黑胡椒粉……1/4小匙
- 低筋麵粉……1/2杯

TIPS

◆ 牛高湯也可以用雞高湯取代。

準備 Prepare

1 充分混合所有醃料，將羊膝洗淨拭乾，在羊膝表面均勻沾上一層薄薄的麵粉。

2 紅蘿蔔、馬鈴薯、牛番茄、洋蔥、西洋芹均切塊。

作法 How to cook

3 熱鍋後放入1大匙橄欖油，油熱後將羊膝放入鍋中，煎至表面上色後將羊膝取出。

4 原鍋放入所有蔬菜塊拌炒，至洋蔥變軟。

5 將羊膝放在炒過的蔬菜上，加入紅酒煮滾，至散發紅酒香氣。

6 鍋中倒入高湯。

#高湯的份量，以淹過食材的 2/3 爲基準。

7 加入月桂葉、番茄糊、迷迭香、百里香，也可視個人喜好加入辣椒（份量外）。

8 蓋上鍋蓋，以兩圈米粒火燉2小時，途中每30分鐘翻面一次，注意羊膝的狀態，避免焦底。

9 若時間足夠，最好熄火後再燜1小時，讓味道更融合。

10 取出羊膝，開火續煮，煮至湯汁濃縮即為淋醬。可試一下味道，決定是否需要鹽和黑胡椒調味。

11 將羊膝與蔬菜擺盤後淋上醬汁即完成。

西・班・牙・蒜・味・蝦

方愛玲

鍋具	時間	難度
24 橢圓烤盤	10 分鐘	★

材　料
Ingredient

主食材
- 去殼蝦仁……300g
- 蒜頭……50g
- 橄欖油……半淹過蝦仁的量
- 煙燻紅椒粉……適量
- 鹽、黑胡椒……各少許

香料
- 百里香、迷迭香、辣椒……各適量
- 羅勒、香菜……各適量

＊香料可視個人喜好調整搭配。

作　法
How to cook

1 蝦仁去腸泥後洗淨，拍乾後備用。

#選擇大隻一點的蝦仁，料理口感較好。

2 蒜頭切碎。

3 冷鍋倒入橄欖油，油量高度要能半淹過蝦仁，再放入蒜末、香料、煙燻紅椒粉。

#蒜頭和橄欖油的用量要足夠，料理風味才會對。

4 開小火攪拌，讓蒜末、香料與橄欖油慢慢融合均勻。

#注意不能讓蒜頭變焦，溫度過高可離火以餘溫拌炒。

5 維持小火，放入蝦仁快速拌炒。

6 待蝦仁呈紅色捲起狀，再加入一點鹽和現磨胡椒調味即完成。

TIPS

◆ 這道料理非常適合搭配烤過的歐式麵包一起享用，剩下的蒜油也能用來炒義大利麵。

義·式·水·煮·魚

方愛玲

鍋具	時間	難度
28 淺燉鍋	40 分鐘	★★

材料 Ingredient

鱸魚片……2片
蛤蜊……600g
洋蔥……1顆
蒜頭……3瓣
紅椒、黃椒……共1/2-1顆
羅勒或九層塔……適量
小蕃茄……20-30顆
白酒……1杯
鹽、黑胡椒……各少許
初榨橄欖油……適量

準備 Prepare

1 洋蔥、蒜頭切末，小蕃茄對切，羅勒（九層塔）切碎。
#可保留一點完整的羅勒葉做裝飾用。

2 紅、黃椒切丁。

3 鱸魚片在室溫下退冰，擦乾水份後抹上薄鹽。
#如有出水，須在魚片下鍋前再次擦乾。

作法 How to cook

4 冷鍋冷油以小火加熱，待鍋中出現油紋後魚皮朝下放入鱸魚片，煎約3-5 分鐘。

5 以鍋鏟輕推，確認魚片能順利滑動再翻面。魚片兩面煎好後推至鍋邊，同鍋放入蒜末與洋蔥末炒香。

6 洋蔥炒軟後放入紅、黃椒與小番茄略炒，再魚片鋪放在洋蔥上。

7 加入白酒，再撒上鹽與胡椒調味後蓋上鍋蓋，以小火燜煮。
#視魚片大小，約需 5-10 分鐘不等。

8 待魚肉熟透，湯汁呈奶白色後加入蛤蜊與羅勒，待蛤蜊開口後熄火。

9 上桌前再淋上一些初榨橄欖油，並以羅勒葉作裝飾。

TIPS

- 選用肉質緊實有彈性的魚，比較適合燉煮。
- 可搭配歐式麵包沾湯汁享用，或是另煮通心粉拌入湯汁也很美味。

諾曼第風味奶油蘋果豬

蘇宜青

鍋具
24
淺鍋

時間
45
分鐘

難度
★

材料 Ingredient

主食材

- 豬胛心肉或豬梅花肉⋯⋯ 500g
- 青蘋果⋯⋯3顆
- 烹飪鮮奶油（Cooking Cream）200ml
- 蘋果酒⋯⋯200ml
- 核桃⋯⋯約100g

＊豬肉也可用適合燉煮的其他部位。

調味料

- 紅蔥頭⋯⋯4-5瓣
- 百里香、巴西利⋯⋯各少許

醃料

- 鹽、黑胡椒⋯⋯各1小匙

> *TIPS*
> - 帶有酸味的青蘋果較適合這道菜。
> - 一般的蘋果酒均可，若選擇蘋果白蘭地（Calvados），可讓風味更道地。

準備 Prepare

1. 均勻混合醃料用的鹽與黑胡椒。
2. 將洗淨擦乾後的豬肉切塊，並均勻塗抹醃料，醃 20 分鐘。
3. 紅蔥頭切末，青蘋果洗淨削皮後切薄片。

作法 How to cook

4. 放油熱鍋，將豬肉煎至表面微微呈金黃色後取出。
5. 放入紅蔥頭末爆香。
6. 放入青蘋果片炒至微軟。
7. 加入蘋果酒、百里香和核桃，等待煮滾後加入烹飪鮮奶油。
8. 鍋中放入豬肉，開蓋煮至稍微收汁。
9. 最後撒上巴西利即完成。

馬·賽·燉·雞
蘇宜青
STAUB
鍋具
18
媽咪鍋
時間
45
分鐘
難度
★

材　料
Ingredient

主食材
- 切塊雞腿肉……… 400g
- 洋蔥………………… 1/2顆
- 蒜頭……………………2瓣
- 切丁蕃茄罐頭…… 200g
- 白酒………………100ml
- 新鮮甜橙 ……………2片

香料
- 月桂葉 …………………2片
- 百里香 ………………少許
- 茴香籽 ………………少許
- 乾燥橙皮 …………2小塊

醃料
- 鹽、黑胡椒…… 各1小匙

準　備
Prepare

1. 均勻混合醃料用的鹽與黑胡椒，在切塊雞腿肉上均勻塗抹醃料，醃20 分鐘。
2. 洋蔥切絲或切丁均可，蒜頭切末。

作　法
How to cook

3. 放油熱鍋，加入洋蔥和蒜末，炒至洋蔥變軟。
4. 放入雞腿肉，稍微拌炒至雞肉呈微黃色。
5. 加入切丁蕃茄、白酒和所有香料，蓋上鍋蓋以中火煮約 20 分鐘。
6. 開蓋後，放上裝飾用的甜橙片。
7. 烤箱預熱 180° C，不需蓋鍋蓋，烤 10-15 分鐘至收汁即可。

TIPS

- ❼可省略，但以烤箱烤過收汁，成品會更美味。

葡·國·雞

蘇宜青

鍋具
20
圓鍋

時間
60
分鐘

難度
★★

材料 Ingredient

主食材

- 切塊雞腿肉……400g
- 洋蔥……1/2顆
- 馬鈴薯……250g
- 西班牙煙燻香腸……100g
- 水煮蛋……2顆
- 切丁蕃茄罐頭……約200g
- 白酒……100ml
- 月桂葉……2片
- 椰漿……200ml
- 去籽黑橄欖……10顆
- 椰絲……適量

醃料

- 薑黃粉、黑胡椒、鹽……各1小匙

準備 Prepare

1. 均勻混合薑黃粉、黑胡椒、鹽製成醃料，塗抹至雞腿肉表面，醃 20 分鐘。
2. 洋蔥切丁、馬鈴薯及香腸切塊、水煮蛋切片備用。

作法 How to cook

3. 放油熱鍋，先將洋蔥丁炒軟。
4. 加入醃雞腿肉稍微拌炒。
5. 加入馬鈴薯塊、香腸塊、切丁蕃茄、白酒、月桂葉，煮約 30 分鐘至馬鈴薯軟化。
6. 加入椰漿及黑橄欖攪拌均勻後稍煮一下。
7. 熄火後，在表面擺上水煮蛋切片，並撒上適量椰絲。
8. 烤箱預熱 180° C，不需蓋鍋蓋，烤 15 分鐘就完成了。

TIPS

- 西班牙煙燻香腸（Chorizo）可以用培根取代，若改用培根，請在❸時將培根與洋蔥一同炒香。
- ❽可省略，但以烤箱烤過收汁，成品風味會更香濃。

美·式·雞·肉·麵·湯

Erica Wu

鍋具
24
南瓜鍋

時間
80
分鐘

難度
★★★

材　料 
Ingredient

主食材
- 去骨雞腿排……2片
- 雞高湯……1500ml
- 洋蔥……1顆
- 西洋芹……200g
- 紅蘿蔔……200g
- 義大利麵……100g

醃料
- 無鹽奶油……25g
- 蒜頭……5瓣
- 乾燥百里香……1小匙
- 月桂葉……2片
- 新鮮巴西利……1小把
- 黑胡椒……1小匙
- 鹽……1.5小匙

作　法
How to cook

1. 蒜切蒜末，洋蔥切成丁，西洋芹切段，紅蘿蔔切丁。
2. 開中火後先放入奶油，加熱至奶油融化。
3. 加入蒜末和洋蔥末炒出香氣後，加入西洋芹、紅蘿蔔炒至蔬菜軟化。
4. 加入乾燥百里香、黑胡椒、鹽，繼續拌炒出香氣。
5. 倒入 1500ml 雞高湯。
6. 雞湯煮滾後，放入雞腿排、月桂葉，以小火燉煮 50-60 分鐘，至蔬菜和雞肉精華完全融入高湯。
7. 將義大利麵倒入湯裡，煮 10 分鐘。
8. 將煮好的雞腿排取出，以叉子撥成粗雞絲後，再放回湯裡。
9. 最後，撒上切碎的新鮮巴西利，即完成。

TIPS
- 義大利麵用直麵、筆管麵、螺旋麵、貝殼麵都可以。
- 若無新鮮巴西利可用 1 小匙乾燥巴西利代替。乾燥巴西利香氣濃郁，因此所需份量較少。

古波斯風優格牛肉
蘇宜青
鍋具
18
媽咪鍋
時間
90
分鐘
難度
★★

材　料 
Ingredient

主食材	適合燉煮的牛肉塊	350g
	洋蔥	1/2顆
	蒜頭	4瓣
	無糖優格	200ml
	薑黃粉、咖哩粉	各1小匙
	切丁蕃茄罐頭	200g
	高湯（也可用水取代）	適量
醃料	鹽、黑胡椒	各1小匙
裝飾	堅果、葡萄乾	各適量
	蔓越莓乾、紅石榴籽	各適量

準　備
Prepare

1 均勻混合醃料用的鹽與黑胡椒。在牛肉上均勻塗抹醃料，醃20分鐘。

2 洋蔥切丁、蒜頭切末，裝飾用的堅果搗碎。

3 優格以大碗或調理盆盛裝。

作　法
How to cook

4 放油熱鍋，加入洋蔥和蒜末，炒至洋蔥變軟。

5 鍋中加入醃牛肉，煎至牛肉呈微棕色。

6 加入薑黃粉、咖哩粉、切丁蕃茄與高湯，燉煮1小時至牛肉軟嫩後熄火。

7 取出燉牛肉的湯汁，緩慢倒入優格之中，一邊攪拌均勻。

＃一邊緩緩倒入湯汁一邊攪拌，可避免優格結塊。

8 將調好的優格醬倒回鍋中，撒上堅果、葡萄乾、蔓越莓乾與紅石榴籽裝飾即完成。

牧·羊·人·派

朱曉芃

鍋具	時間	難度
21 橢圓烤盤	40 分鐘	★★

材　　料
Ingredient

主食材

- 絞肉（豬肉、牛肉、羊肉均可）…250g
- 馬鈴薯……2顆
- 洋蔥……1/2顆
- 紅蘿蔔……50g
- 牛奶……30ml

調味料

- 起司絲……100g
- 義大利綜合香料……1小匙
- 鹽、黑胡椒……各1匙
- 米酒……1大匙

準　　備
Prepare

1 馬鈴薯洗淨後削皮蒸熟，加入牛奶及少許鹽（份量外），搗成泥狀，裝進擠花袋內備用。

2 洋蔥與紅蘿蔔切丁。

作　　法
How to cook

3 鍋中加入少許油，放入洋蔥丁及紅蘿蔔丁炒香。

4 接著加入絞肉、鹽、義大利綜合香料、黑胡椒與米酒拌炒，炒至絞肉表面呈金黃焦脆狀後取出。

5 烤盤內抹上一層食用油（份量外），放入絞肉餡，鋪平後再鋪上起司絲，最上層均勻擠上薯泥。

6 烤箱以 200° C 預熱，將烤盤放入烤 25 分鐘即可。

TIPS

- 若無義大利綜合香料粉可不加。
- 可視個人喜好延長或縮短烘烤時間，調整薯泥口感。

日·式·漢·堡·排

林正眞

鍋具
20
烤盤

時間
80
分鐘

難度
★★★

材料 Ingredient

主食材

- 低脂豬絞肉……350g
- 洋蔥……1/2顆
- 牛奶……70ml
- 麵包粉……30g
- 雞蛋……1顆
- 水……20ml

調味料

- 鹽……1小匙
- 胡椒粉、黑胡椒粉、豆蔻粉……各少許

醬汁

- 水……20ml
- 清酒……1大匙
- 二號砂糖……1大匙
- 醬油……2大匙
- 番茄醬……1大匙
- 味醂……1大匙

TIPS

◆ 將乳酪絲退冰軟化後捏成球，包入漢堡排中一起煎也很美味喔。

準備 Prepare

1 將牛奶與麵包粉混合均勻。

2 洋蔥切末，鍋中倒入少許油，放入洋蔥炒至透明後取出放涼。

作法 How to cook

3 攪拌盆內放入豬絞肉、泡軟的麵包粉、洋蔥末、雞蛋和所有調味料。

4 將盆中絞肉揉至出現黏性後，將約70g 左右的餡料整成圓形，雙手甩打，排出漢堡排內的空氣。

#漢堡排的大小可視個人喜好調整。

5 鍋中放入一點油（份量外），開小火，待熱後放入漢堡排。

#以小火煎可以避免表面過焦。

6 煎漢堡排時，可以稍微用鍋鏟或筷子壓凹漢堡排的中心。待兩面煎至微微焦黃後，加入 20ml 的水，蓋上鍋蓋燜 3 分鐘。

7 以筷子戳刺漢堡排，如果流出透明的肉汁就代表熟了，可熄火起鍋。

#如果有起司片的話，熄火後可在漢堡排上放上起司片，用餘溫讓起司融化。

8 **製作醬汁**在煎漢堡排的原鍋中，將所有醬汁材料混合均勻，熬煮至濃稠就完成了。

9 將醬汁塗抹在漢堡排上，不論當作主食、搭配生菜或直接配飯，都很適合。

韓·式·蒸·蛋

朱曉芃

材料 Ingredient

主食材

- 雞蛋……5顆
- 高湯……160ml
- 鹽……1小匙
- 糖……1/2小匙
- 蔥末……少許
- 白芝麻……少許
- 香油……1小匙

＊請另外準備一個深碗。

作法 How to cook

1. 碗中打入5顆蛋，蛋打散後加入高湯、鹽與糖攪拌均勻。
2. 開中大火，將蛋液注入鍋中，持續攪拌鍋內蛋液，將鍋底及鍋邊成型的蛋液拌入中間。
3. 煮至約7分熟時，撒上蔥末，蓋上深碗續煮。
4. 轉小火煮3分鐘後開蓋，撒上白芝麻、倒入香油即完成。

TIPS

- 蓋上的碗深度要夠，才有空間讓蒸蛋膨脹。

韓式辣醬年糕牛小排

劉錦昌

鍋具
24
蜂巢鍋

時間
20
分鐘

難度
★★

材料 Ingredient

主食材

韓式年糕	250g
牛小排	300g
蔥	2根
洋蔥	1/2顆
韓國魚板	80g
水煮蛋	2顆
水	350ml

調味料

韓國辣椒醬	2大匙
韓國辣椒粉	1大匙
糖、醬油、蒜泥	各1大匙
蜂蜜	1大匙
白芝麻	1大匙

準備 Prepare

1. 蔥白切段、蔥綠切成蔥花，洋蔥順紋切 1cm 寬粗絲，魚板切小片。
2. 另取一鍋，倒入 1700ml 滾水（份量外），加入 1 大匙鹽（份量外），汆燙年糕 1 分鐘後取出備用。

作法 How to cook

3. 鍋中放入一大匙油，開中大火煎香牛小排，起鍋後切成適口大小。
4. 同鍋炒香蔥白、洋蔥片後倒入 350ml 的水，並加入蜂蜜和白芝麻以外的所有調味料攪拌均勻。
5. 放入年糕、魚板、水煮蛋、牛小排，轉小火後邊煮邊拌炒約 5-10 分鐘，至湯汁收稠。
6. 加入蜂蜜拌勻，最後灑上蔥花、白芝麻即可起鍋。

TIPS

- 洋蔥順紋切可以保留口感。
- 年糕不易入味，因此要讓醬汁收稠，裹在年糕上才會好吃。

椒・麻・雞

Anny Chuang

鍋具 31 魚碟

時間 45 分鐘

難度 ★★★

材料 Ingredient

主食材
- 去骨雞腿……1支
- 高麗菜……1/4顆
- 碗豆苗……少許

醃料
- 醬油……5ml
- 米酒……5ml

椒麻醬汁
- 蒜頭……3-4顆
- 蔥……1根
- 辣椒……半根
- 香菜……少許
- 醬油……1大匙
- 魚露……2大匙
- 檸檬汁……1/2-1顆
- 糖……2大匙
- 花椒粉……少許
- 白胡椒粉……少許

準備 Prepare

1 調製醃料，將去骨雞腿肉冷藏醃製約 1 小時。

2 將椒麻醬汁材料中的蒜頭、蔥、香菜、辣椒均切末後，加入全部材料調出椒麻醬汁。

3 高麗菜洗淨切細絲。

#豌豆苗是爲了配色，如果沒有也可以不放喲。

作法 How to cook

4 放入淺淺一層油後熱鍋，將醃好的雞腿肉下鍋，用半油煎的方式煮熟。兩面各煎 6-7 分鐘。

#煎時將雞皮面朝下才會有酥脆感。
#請依照肉片厚度決定烹調時間，用筷子穿透肉不會有血水冒出就 OK ！

5 將高麗菜絲鋪在盤中。

6 將煎好的雞腿肉切塊後放在高麗菜絲上。

7 淋上調好的椒麻醬汁，最後再撒上香菜就完成了！

TIPS
◆ 如果不想吃太油，可以改用少量油將雞腿兩面煎熟。

星·洲·肉·骨·茶

方愛玲

鍋具
24
雪花鍋

時間
60
分鐘

難度
★

材　料
Ingredient

豬肋排（或其他肉品取代）……………1公斤
蒜頭（帶皮）……………………………………25顆
星洲肉骨茶包……………………………………1份
醬油（或黑白醬油各半匙）……………1大匙
水……………………………………………………2000ml

作　法
How to cook

1 豬肋排切成單支，以冷水入鍋煮約5-6分鐘，煮出血水、雜質後洗淨。
2 鍋中倒入2000ml水，水滾後放入蒜頭、肉骨茶香料包煮10分鐘。

#挑選帶皮蒜頭可以避免長時間燉煮後蒜頭全部化開。

3 鍋中放入豬肋排，煮約50分鐘至肋排軟爛。
4 起鍋前加入醬油調味。

TIPS

◆ 新加坡肉骨茶胡椒味較濃，如果怕胡椒味太辣，可以多加點水，或在燉煮30分鐘後先取出香料包。

Chapter 5

一鍋到底的美味主食

就靠這一鍋餵飽一家大小吧！從台式油飯、松本茸舞菇炊飯、番茄哨子麵到薑黃海鮮燉飯，收錄各類型可以獨當一面的飯麵主食料理。

栗子香菇雞肉炊飯

Anny Chuang

鍋具 16 飯鍋

時間 30 分鐘

材料 Ingredient 2-3人份

新鮮去殼栗子……8-10顆
去骨雞腿肉……約半支
乾香菇……2-3大朵
米……2杯
鰹魚醬油……1大匙
鹽……少許
水……約2杯

準備 Prepare

1 米洗淨，以冷水浸泡 20-30 分鐘。

2 乾香菇洗淨，以冷水泡開後切絲或切丁，香菇水留下備用。

3 栗子洗淨。

4 去骨雞腿肉切丁或切小塊。

作法 How to cook

5 冷鍋冷油，先放入香菇絲炒香，再加入去骨雞腿肉炒至變色。

6 將米瀝乾水份後，放入鍋中與香菇、雞肉一同拌炒。

7 鍋中加入香菇水與水，兩者總量合計 2.2 杯。

#米：水的比例爲 1:1.1。

8 將栗子平均鋪在表面上，開中大火，煮至鍋邊冒泡後蓋上鍋蓋。

9 保持鍋蓋蓋上，轉中小火煮 8-10 分鐘後熄火。

#熄火後至少需燜 15 分鐘，可以一直燜至開飯前。

TIPS

◆ 若剛好有蔥段的話，可在最後加入增添配色。小朋友不喜歡的話也可以不加喔。

松本茸舞菇炊飯

劉錦昌

鍋具
24
炒鍋

時間
40
分鐘

難度

材料 Ingredient

主食材
- 米……300g
- 松本茸……約100-120g
- 舞菇……1包
- 紅蘿蔔……30g
- 蝦米……20g
- 芹菜……1支
- 水……290ml

調味料A
- 香菇醬油湯露……1大匙
- 清酒……1大匙
- 鹽……1/2小匙

調味料B
- 奶油……20g

準備 Prepare

1 米洗淨後浸泡 30 分鐘，取出後仔細瀝乾約 5 分鐘。

2 蝦米洗淨後，以清酒（份量外）泡軟，取出後瀝乾備用。

3 松本茸切片，舞菇以手撕至一口左右的大小。

4 紅蘿蔔刨絲，芹菜切末。

作法 How to cook

5 鍋中放入❶的白米、水 290ml、調味料A，上方鋪上松本茸、舞菇、蝦米與紅蘿蔔絲。

6 開中火，開蓋煮至沸騰後蓋上鍋蓋，轉米粒火續煮 13 分鐘後熄火，燜 10 分鐘。

7 開蓋後拌入芹菜末與奶油即完成。

TIPS

- 食譜也可使用 18cm 圓鍋或 16cm 飯鍋製作。
- 炊飯的水量，需視使用的米、鍋具與配料含水量不同進行調整。

台·灣·傳·統·油·飯
黃芬
STAUB
STAUB
鍋具
18
和食鍋
時間
30
分鐘
難度
★★

材料 Ingredient

主食材

- 長糯米……2米杯
- 豬肉絲……100g
- 紅蔥頭……4瓣
- 乾香菇……4朵
- 醬油、蠔油……各2大匙
- 白胡椒粉……1小匙

醃料

- 酒、醬油……各1小匙
- 白胡椒粉……1/2小匙

TIPS

◆ 開蓋時水平移動鍋蓋，可以防止鍋蓋上凝結的水滴滴入鍋中，影響口感。

準備 Prepare

1 將長糯米洗淨，浸泡1小時後把米取出瀝乾。

2 將醃料充分混合均勻後，加入豬肉絲拌勻。

3 紅蔥頭切片，香菇泡水後擠去水份，切除蒂頭後切絲。

#香菇蒂可以手撕成細絲，以呈現類似肉絲的口感。

4 以醬油、蠔油、香菇水加上水（份量外），調成約1.4杯的調合水。

#糯米與調和水的比例是1：0.7。

作法 How to cook

5 鍋中倒入1大匙沙拉油，文火翻炒紅蔥頭片至酥脆後取出。

6 熄火放入胡椒粉、香菇絲、香菇蒂絲炒香。

7 開文火，放入肉絲炒香，接著加入糯米和一半份量的紅蔥頭酥，倒入調合水拌勻，蓋上鍋蓋。

8 轉中小火，煮至鍋緣冒出水蒸氣後，轉米粒火續煮5分鐘。

9 熄火之後，離火燜飯10分鐘。開蓋將油飯撥鬆，撒上剩餘的紅蔥頭酥即完成。

#離火燜飯可避免出現鍋巴。

麻·油·羊·肉·米·糕

莊鈞媛

鍋具 22 圓鍋

時間 60 分鐘

難度 ★★

材　　料
Ingredient

主食材		醃料		調味料	
土羊肉	200g	小蘇打粉	1/8小匙	高粱	1/4杯
長糯米	2杯	蠔油、高粱	各1大匙	蠔油	2大匙
水	2杯	香油	1大匙	麻油	4大匙
老薑	40g	太白粉	1/2大匙		
枸杞	2大匙				

準　　備
Prepare

1 長糯米洗淨，以冷水浸泡 2 小時後瀝乾備用。

#長糯米需洗至水完全清澈。

2 羊肉切片後先以小蘇打粉抓勻，再加入蠔油與高粱醃製，於冰箱冷藏 60 分鐘。

#土羊肉的口感較扎實，用小蘇打粉醃製後可使其軟化，若是用進口羊肉片則不需加小蘇打粉醃製。

3 將羊肉自冰箱取出後，再加入香油與太白粉混合均勻。

4 老薑切片、枸杞以冷水泡開備用。

作　　法
How to cook

5 鍋中放入 4 大匙麻油，開小火將薑片煸至呈金黃色。

6 加入羊肉，炒熟後撈起備用。若羊肉鹹度不足，可加入少許鹽（份量外）調味。

7 同鍋加入糯米拌炒出香氣，加入 2 杯水、1/4 杯高粱，煮滾後倒入蠔油拌勻。

8 鋪上炒熟的羊肉及枸杞，蓋上鍋蓋轉米粒火，燜煮 8-12 分鐘。

9 熄火後以餘溫燜 15 分鐘，最後開蓋將羊肉與油飯拌勻即可。

TIPS

◆ 薑片的份量可視個人喜好增減，另外高粱酒可用米酒取代。

培根地瓜奶油飯

Y小姐

材　料 Ingredient

米……1.5杯
地瓜……1小根
培根……3片
鹽……1小匙
黑胡椒粉……適量
奶油……10g
水……1.5杯

作　法 How to cook

1. 將米洗淨後瀝乾，靜置 10 分鐘，放入鍋中後倒入 1.5 杯的水，再浸泡 20 分鐘。
2. 地瓜不削皮，切成 1cm 寬厚片，泡水 10 分鐘。
3. 培根切成 1cm 寬。
4. 將鹽放入❶的鍋中，稍微攪拌，接著依序放入地瓜片、培根、黑胡椒粉、奶油。
5. 開中火，蓋上鍋蓋，待沸騰後開蓋迅速攪拌再蓋回鍋蓋。
6. 轉小火續煮 12 分鐘後熄火，以餘溫繼續燜 10 分鐘即完成。

薑黃海鮮燉飯

孫夢茝

鍋具
24
圓鍋

時間
40
分鐘

難度
★★

材　料 Ingredient 

主食材

- 米……300g
- 洋蔥……1顆
- 小番茄……15顆
- 蝦……6隻
- 花枝……300g
- 蛤蜊……300g
- 米酒……2大匙
- 薑黃粉……1小匙
- 乳酪絲……50g
- 九層塔葉……50g
- 水（高湯）……500ml

醃料

- 酒、醬油……各1小匙
- 白胡椒粉……1/2小匙

TIPS

- 分兩次加水，第一次是讓米吸收洋蔥的鮮味，第二次則是讓米吸收海鮮的鮮甜。
- 製作全程以中火烹調，只有燜煮時轉中小火。

作　法 How to cook

1. 米洗淨後，浸泡 30 分鐘。
2. 洋蔥切丁，小番茄對半切。
3. 開中火，鍋中倒入橄欖油熱鍋後，放入洋蔥丁炒軟。
4. 將米取出瀝乾，倒入鍋內與洋蔥拌炒。
5. 倒入 250ml 的水，煮滾後蓋上鍋蓋，轉中小火燜煮 5 分鐘。
6. 開蓋轉中火，放入蝦、花枝、蛤蜊與米酒一起拌炒。
7. 放入 250ml 水，待再次煮滾後蓋上鍋蓋，轉中小火燜煮 5 分鐘。
8. 開蓋，轉中火，撈去浮泡後加入薑黃粉、小蕃茄與乳酪絲，攪拌 5 分鐘。
9. 起鍋前加入九層塔葉攪拌均勻後即完成。

麻辣黑米蛋炒飯

謝宜澂

鍋具 26 圓鍋

時間 35 分鐘

材　料
Ingredient

主食材
- 濁水米……1杯
- 水林黑米……2杯
- 麥寮小麥……1/2杯
- 水……與米飯等比例杯量
- 蘑菇（大）……4顆
- 放牧蛋……3顆
- 腰果……15公克

調味料
- 濁水琥珀-常鹽……1大匙
- 飛雀豆鼓辣油……1大匙
- 飛雀花麻醬……1大匙
- 椒香黑豆辣油膏……3大匙
- 黑胡椒粗粒……少許

準　備
Prepare

1. 前一晚 將濁水米、黑米與小麥搭配等比例水量，放進電鍋中煮熟至隔夜放涼。
2. 蘑菇擦淨後切三刀，腰果切碎。
3. 放牧蛋打散成蛋液。

作　法
How to cook

4. 蘑菇下鍋，用芥花油（份量外）煎至表面呈金黃後，加入琥珀醬油爆香後起鍋。
5. 加入蛋液炒至半熟後起鍋。
6. 將煮好的黑米麥飯下鍋，加入蘑菇、辣油、花麻醬與辣油膏快炒，起鍋前加入半熟蛋拌炒後即可盛盤。
7. 在炒飯上撒上腰果與黑胡椒粒即完成。

TIPS
- 花麻醬可另外爆香蒜頭、洋蔥，也可用辣豆瓣醬取代。

番・茄・哨・子・麵

Coco Chang

鍋具
24
和食鍋

時間
40
分鐘

難度
★

材料 Ingredient

主食材

絞肉	600g
雞蛋	3顆
洋蔥	1顆
番茄	3顆
香菇	5朵
辣椒	1條
蘿蔔乾	100g
粗麵條	600g

調味料

豆瓣醬	3大匙
醬油	2大匙
糖	1大匙
烏醋、香油、白胡椒粉	適量
蔥花	少許

準備 Prepare

1 乾香菇用冷水慢慢泡開，香菇水留下備用。

2 洋蔥、香菇、番茄切丁，辣椒切末。

作法 How to cook

3 溫鍋後放入少許油，雞蛋下鍋炒至焦香後取出備用。

4 辣椒末、蘿蔔乾下鍋炒香後取出。

5 絞肉下鍋炒散至水分蒸發，散出香氣後，加入洋蔥拌炒至香軟。

6 豆瓣醬下鍋炒香，熗醬油後加糖。

7 加入香菇丁、番茄丁炒香，至水份蒸發。

8 加入雞蛋碎拌炒均勻。

9 鍋中放入香菇水和水（份量外），水位淹過食材即可，蓋上鍋蓋燜煮20分鐘，完成哨子醬。

10 另起一鍋水（份量外）煮粗麵條，煮好後瀝乾麵條，淋上哨子醬，最後加上辣椒末及蘿蔔乾提味。

11 食用時可以依個人喜好，加入烏醋、香油、白胡椒粉或蔥花調味。

TIPS

- 將所有食材一一炒香，是這道食譜成功的關鍵。

鮮·蚵·大·腸·麵·線

Coco Chang

鍋具 24 和食鍋

時間 20 分鐘

難度 ★★

材　料 Ingredient 

主食材		勾芡		調味料	
鮮蚵	300g	太白粉	1大匙	太白粉	適量
滷大腸頭	1-2條	水	3大匙	醬油	3大匙
紅麵線	300g			烹大師	1大匙
油蔥酥	適量			鮮味炒手	2小匙
水	7分滿			烏醋	適量
香菜	少許			辣油、白胡椒粉	適量

準　備 Prepare

1 鮮蚵裹上一層太白粉，滾水燙熟後撈起備用。

2 滷大腸頭切片。

TIPS

- 將燙鮮蚵的水靜置沉澱後可以過濾成高湯，取代水使用。
- 烹大師可用柴魚片代替，另外調味料均不限品牌，可依個人喜好增減。

作　法 How to cook

3 溫鍋放油，加入大腸頭切片炒香。加入油蔥酥炒香，接著加入醬油熗鍋。

4 鍋中加入七分滿的水，等待水滾時，可先以清水洗去紅麵線鹹味後瀝乾，並調出勾芡用的太白粉水。

#紅麵線要洗到水清後才可以下鍋煮。

5 煮滾後放入麵線，再加入烹大師、鮮味炒手調味。

6 加入燙熟的鮮蚵後勾芡即完成。

7 依個人喜好，可加入烏醋、白胡椒粉、辣油或香菜提味。

焗·烤·通·心·麵 潔西

鍋具
28
淺燉鍋

時間
20
分鐘

材　料
Ingredient

通心麵	500g
洋蔥	1顆
培根	5片
蘑菇	20朵
蒜末	2大匙
義大利麵醬	300g
義大利綜合香料	2大匙
乳酪絲	300g

作　法
How to cook

1. 另取一鍋，加入適量水與鹽（份量外），將通心麵放入鍋中煮熟後瀝乾，湯汁先留下備用。
2. 洋蔥切碎，培根切丁，蘑菇切片。
3. 鍋中放入橄欖油，熱鍋後放入洋蔥炒軟，再加入蒜末炒香。
4. 加入培根丁、蘑菇片續炒，再加入義大利麵醬與義大利綜合香料炒香。
5. 加入煮熟的通心麵，倒入適量煮麵湯汁攪拌均勻，接著在上方鋪上一層乳酪絲。
6. 蓋上鍋蓋，以中小火燜煮至乳酪絲融化即完成。

TIPS

- 如果希望乳酪絲表面有焦香效果，❻可改為放入烤箱，以200° C將表面烤至上色。

Chapter 6

溫柔慢燉的暖心鍋物

美麗得令人不忍開動的花畑鍋、方便又有飽足感的韓式部隊鍋……除了收錄大家的拿手湯品與火鍋，還有兩道聽了就想吃、充滿季節感的甜湯喔！

花・畑・鍋 珍妮花

（酸菜白肉鍋）

鍋具 26 圓鍋

時間 60 分鐘

難度 ★★★

材　料 
Ingredient

基座層	山東大白菜……約500g 凍豆腐……約400g 酸白菜……約500g	裝飾層	豬五花肉片……約400g 紅蘿蔔……1條 白蘿蔔或紫蘿蔔……1條 迷你小洋蔥……2顆 新鮮香菇……3朵 雪白菇……約10根 鴻禧菇……約10根 豌豆苗……約10根 甜豆莢……2個 玉米筍……2根 芫荽花……1株	湯底	高湯……1200ml

準　備
Prepare

1 山東大白菜切成數段。

2 甜豆莢從中間剖開；玉米筍切成約 1.5 公分小段。

3 香菇以三種不同方式刻花裝飾（詳細作法請見 P.180）。

4 紅蘿蔔與白蘿蔔以水果刨刀縱刨成長條薄片後，以 3-5 片接起，捲成玫瑰花狀（詳細作法請見 P.181）。

5 小洋蔥去掉頭尾、剖半後將每層分開，間隔疊起成圈（詳細作法請見 P.181）。

6 豬五花肉片以與蘿蔔相同的方式，捲成玫瑰花狀。

＃冷藏豬五花肉片較軟，難以單獨捲花。可加入白蘿蔔片或紅蘿蔔片一起捲，更容易成型。

作　法
How to cook

7 **製作「基座層」**將鍋子底部放入切段大白菜、凍豆腐。

8 在上方鋪上酸白菜，作為火鍋的主要調味。

＃酸白菜可事先冷凍，這樣在❾放食材時會更加穩固。

9 **製作「裝飾層」**錯落放上捲好的白蘿蔔捲、紅蘿蔔捲、小洋蔥圈、豬五花肉捲與刻花的新鮮香菇。

10 空隙處像插花一般，插入雪白菇、鴻禧菇、豌豆苗、甜豆莢、玉米筍作裝飾。

＃如果手邊剛好有芫荽等食材開的花，可分剪成小株作點綴，沒有也可省略。

11 倒入高湯約 8-9 分滿，開中火至滾即可享用。

步　　驟
Step by step

香菇刻花的三種方法

1 將表面用刀子平均劃上 8 條直徑。

2 從香菇傘緣，由下往上手撕剝皮（像剝葡萄皮）。

3 間隔剝除 4 個區塊，呈黑白相間狀。

4 第二種方法：同上述第一種方法，可改成劃上 16 條直徑，剝除 8 個區塊。

5 第三種方法：在表面先切入約 0.5 公分深的三條圓心交疊的直線，再依這三條線的位置，每條中央向下切入如英文字母 V 的形狀。

基座層的作法

1 先放入大白菜、凍豆腐。

2 再鋪上酸白菜在放上方。

洋蔥花的作法

1. 洋蔥去頭尾、剖半後，將每一層分開。
2. 將洋蔥圈的單數、雙數分別間隔疊起，就會有類似花朵的環狀。

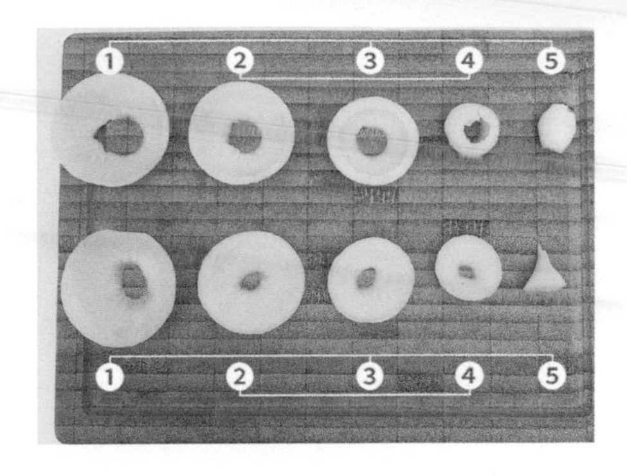

紅、白蘿蔔捲的作法

1. 將蘿蔔以水果刨刀刨成薄片。
2. 約 3-5 片稍微重疊，接起成長條。
3. 由左往右將蘿蔔片捲起。
4. 如果刨片刨得不完整或不完美請不用擔心，不規則捲起來反而會更有層次感。
5. 鬆鬆地捲起，立起來就完成了。

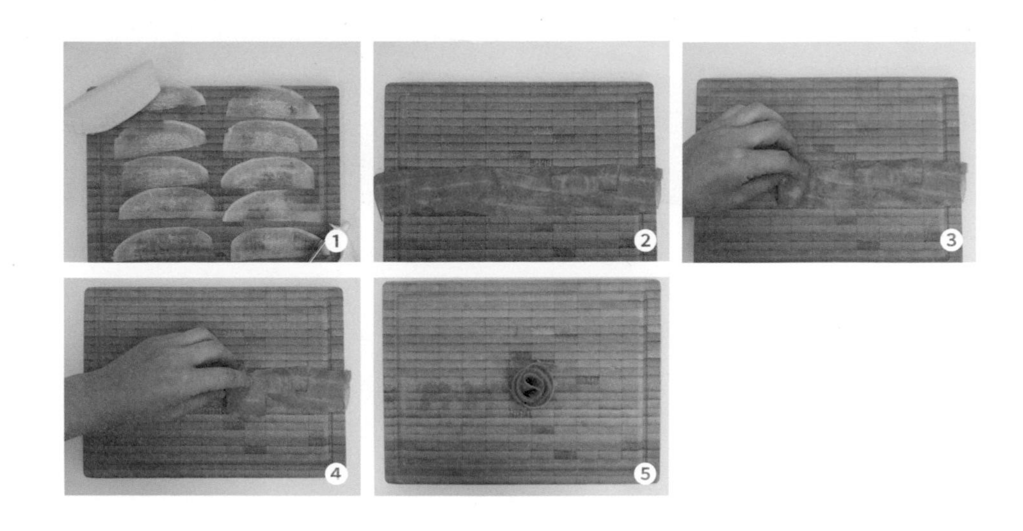

韓·式·部·隊·鍋

孫夢莒

鍋具 26 淺鍋

時間 10 分鐘

難度 ★

材料 Ingredient

主食材

- 洋蔥……1顆
- 牛或豬肉片……200g
- 韓式泡菜……100g
- 韓式年糕……100g
- 德國香腸等火鍋料……任意
- 高麗菜……100g
- 嫩豆腐……1盒
- 鴻喜菇……1/2包
- 雪白菇……1/2包
- 新鮮香菇……5-6朵
- 雞高湯……1500ml

調味料

- 韓國辣椒醬……50g
- 韓國辣椒粉……20g
- 醬油……3大匙
- 砂糖……30g
- 薑泥……15g
- 蒜泥……15g
- 米酒……90ml

TIPS

- 配料可依照現有的食材任意調整。
- 也可準備 20cm 的起司鍋或巧克力鍋，將所有食材份量減爲 1/3，改成個人鍋享用。

準備 Prepare

1 洋蔥切絲，青菜類洗淨切段。

2 鴻喜菇、雪白菇除根部後分小株。

3 香菇切花增加視覺感，嫩豆腐稍微去除水份後切塊。

4 取一碗放入所有調味料，攪拌均勻製成醬料。

作法 How to cook

5 將洋蔥鋪於鍋底，放入火鍋料至 8 分滿，再加入醬料。

6 加入雞高湯，開火加熱，煮滾後再煮 5 分鐘就完成了。

＃煮滾後可以再放入韓式泡麵、起司片和雞蛋，口味更道地。

海鮮什錦魚片鍋

湯聖偉

鍋具	時間	難度
28 淺燉鍋	40 分鐘	★★

材　料 Ingredient 

4人份

主食材
- 去骨雞腿肉……1支
- 肉片……200g
- 蛤蜊……10顆
- 鮭魚……1片
- 蝦……12隻
- 透抽、魷魚……各1/2隻
- 大白菜……1又1/2顆
- 洋蔥……1/2顆
- 蔥……2根
- 雞蛋……2顆
- 寬冬粉……1球
- 水……1500ml

調味料
- 沙茶醬……2大匙
- 辣豆瓣醬……1大匙
- 醬油……1大匙
- 糖、鹽……各2小匙

醃料
- 醬油……1小匙
- 太白粉……2小匙

準　備 Prepare

1 蛤蜊泡水吐沙後洗淨。

2 鮭魚切片，透抽、魷魚、去骨雞腿肉切塊。

3 大白菜洗淨後切大片，洋蔥切絲，蔥切段。

4 均勻混合醃料，將雞肉抓醃 3 分鐘左右。

5 鍋中倒入適量油，將雞肉炸至呈金黃色後起鍋。

6 取一碗將兩顆雞蛋打散，下油鍋炸成蛋酥。

7 另起一鍋，鍋中倒入少許油，將鮭魚片煎至呈金黃色後起鍋。

作　法 How to cook

8 將鍋中炸油倒出，放入洋蔥絲、蔥段爆香。

9 加入調味料中的沙茶醬、辣豆瓣醬，炒至散發香氣後倒入 1500ml 的水。

10 大白菜切片放入鍋中，待煮滾後加入鹽、糖、醬油調味。

11 白菜煮軟後放入冬粉，鋪上蛋酥。將雞肉、鮭魚、透抽、魷魚、蛤蜊、蝦、肉片均勻鋪滿鍋面，慢慢加熱至海鮮食材熟透即完成。

12 將雞肉、鮭魚、透抽、魷魚、蛤蜊、肉片、蝦子均勻鋪滿鍋面，慢慢加熱至海鮮食材熟透即完成。

大・地・味・噌・燒

謝宜澂

鍋具 26 圓鍋

時間 60 分鐘

難度 ★

材　料 
Ingredient

主食材

- 大白菜……1/2個
- 黑柿番茄……2顆
- 豆腐……1塊
- 金針菇……1把
- 大香菇……2朵
- 玉米……1條
- 豆皮……2片
- 山藥……半條
- 栗子南瓜……1/4顆
- 山茼蒿……1/3把

調味料

- 清酒……2大匙
- 味醂……3大匙
- 傳統粗味噌……約60g
- 原汁壺底油……3大匙
- 水……1/3鍋
- 味噌御露……3大匙

TIPS

◆ 若沒有味噌御露醬油，可以用味噌與味啉、醬油、清酒混合替代。

準　備
Prepare

1 大白菜切碎，黑柿番茄切丁。

2 香菇、栗子南瓜切片，玉米切小塊，山藥削皮後切塊。

3 豆皮切片，豆腐切小塊。

4 在小碗中放入味噌，加一點冷水先攪散。

作　法
How to cook

5 鍋中加入水、大白菜、黑柿蕃茄、味醂、攪散的味噌與原汁壺底油，熬煮 20 分鐘後完成鍋底。

6 加入山茼蒿以外的所有食材，煮滾後轉小火，並加入清酒增添香氣。

7 上桌前再加入山茼蒿與味噌御露醬油後即完成。

酸．辣．湯

Coco Chang

鍋具	時間	難度
28 淺燉鍋	20 分鐘	★

材　料 Ingredient 

主食材

紅蘿蔔	200g
黑木耳	200g
豆腐	1/2盒
金針菇	1包
豬血	1/2份
豬肉絲	300g
雞高湯	7分滿
雞蛋	3顆
醬油	適量
太白粉	15g
水	45g

調味料

烏醋、香油、白胡椒粉	各適量
蔥花、香菜	各適量

作　法 How to cook

1. 紅蘿蔔、黑木耳及豆腐切絲，金針菇切除尾端後對半切，豬血切條。
2. 將蛋打散。
3. 熱鍋放油，依序加入豬肉絲、紅蘿蔔絲、黑木耳絲加入鍋中拌炒。
4. 鍋中加入高湯煮滾。
5. 加入金針菇、豆腐絲、豬血條，再次煮滾後加入醬油調色。
6. 將太白粉與水拌勻，分次倒入太白粉水勾芡，避免過於濃稠。
7. 熄火後倒入蛋液，靜置1分鐘後再攪拌，慢慢推散蛋花。
8. 食用時可依個人喜好加入烏醋、香油、白胡椒粉、蔥花或香菜調味。

竹笙香螺排骨湯
莊鈞媛
鍋具
24
圓鍋
時間
50
分鐘
難度
★

材料 Ingredient

主食材

豬小排	600g
竹笙	5條
枸杞	1大匙
香螺（也可用蛤蜊取代）	2顆
白蘿蔔	1條
薑片	4-5片
鹽	1小匙
米酒	1大匙
水	6分滿

TIPS

- 若是購買野生竹笙，網狀菌傘部分可食用，不需切除。
- 香螺肉也可用 8-10 顆蛤蜊取代，在最後加入鹽、枸杞時一併加入即可。

準備 Prepare

1 豬小排汆燙後洗淨，竹笙以冷水泡發，枸杞泡水備用。

2 薑切片、香螺肉切成片狀。

3 竹笙去掉底部硬處後切成小段，白
4 蘿蔔去皮後切成大塊。

作法 How to cook

5 鍋內裝約六分滿的冷水，煮滾後放入豬小排、白蘿蔔、薑片，蓋上鍋蓋轉小火煮 15 分鐘。

6 開蓋加入竹笙、螺肉片、米酒，再蓋上鍋蓋燜煮 15 分鐘，最後加入鹽、枸杞煮滾即可起鍋。

盛盤使用鍋具：24 南瓜鍋

綠橄欖蛤蜊雞湯

珍妮花

鍋具	時間	難度
24 初雪鍋	40 分鐘	★

材料 Ingredient

主食材

- 去骨雞腿肉……2片（約520g）
- 鹽漬綠橄欖罐頭……約20顆
- 紅蘿蔔……1條
- 雪白菇……1/2包
- 鴻禧菇……1/2包
- 蛤蜊……300g
- 白酒……120ml
- 綠橄欖罐頭湯汁……約60ml
- 常溫水……1200ml

作法 How to cook

1. 去骨雞腿肉洗淨切塊，兩面以廚房紙巾完全擦乾。
2. 紅蘿蔔切塊、菇類切除根部剝散。
3. 鍋中放入約 1/2 小匙的薄薄橄欖油，熱鍋熱油後，以雞皮面朝下油煎，翻面煎至兩面約五分熟。

   #爲避免沾鍋，煎雞腿肉前，請再確認肉是否確實擦乾、油已熱。

4. 放入白酒，微滾後蓋上鍋蓋，熄火靜置 10 分鐘。
5. 打開鍋蓋，放入綠橄欖與湯汁、切塊的紅蘿蔔、常溫水，蓋回鍋蓋，以中小火加熱至滾。

   #若想要橄欖味更濃郁，也可先以刀於橄欖中段橫劃一圈。

6. 滾後開蓋撈起浮沫與油，轉用米粒火再燉煮 10 分鐘。
7. 最後放入蛤蜊、雪白菇、鴻禧菇，中火滾起後關火即完成。

   #因綠橄欖罐頭與蛤蜊已有鹹度，通常不用放鹽，可依個人口味再做調整。

TIPS

- 選擇鹽漬綠橄欖罐頭時，標示成份越單純爲佳，一般爲：綠橄欖、水、鹽。
- 若想進一步更有風味，也可選擇鯷魚綠橄欖罐頭。

干貝芥菜蛤蜊雞湯

方愛玲

鍋具	時間	難度
22 圓鍋	40 分鐘	★

材　料 Ingredient

主食材

大雞腿	1支
芥菜心	1顆
蛤蜊	300-600g
干貝	適量
薑片	5片
鹽	1/2小匙
白胡椒	少許
水	2000ml

> TIPS
> ◆ 食材中使用的大雞腿，也可用清腿與兩支雞翅取代。

準　備 Prepare

1 干貝洗淨，於米酒水中泡半小時後取出剝散，干貝水請保留。

#用海鮮提味可以蓋掉芥菜的苦味，添加干貝、小魚干都是不錯的方法。

2 蛤蜊泡水吐沙後洗淨。

3 芥菜心洗淨切大塊，放入滾水中汆燙 2-3 分鐘後取出，再放入冰水中冰鎮。

#芥菜汆燙是爲了去除苦味，汆燙後冰鎮，可以讓芥菜保持翠綠。

4 大雞腿剁塊，以冷水入鍋煮，煮約 5-6 分鐘去除血水、雜質後洗淨。

作　法 How to cook

5 鍋內倒入約 2000ml、8 分滿清水，加入汆燙好的雞腿塊、薑片、干貝絲、干貝水一起燉煮，沸騰後轉小火煮 30 分鐘。

6 放入芥菜心，轉大火煮 5 分鐘。

7 放入蛤蜊煮至蛤蜊開口，再加入適量鹽和白胡椒調味即完成。

黑蒜巴西蘑菇雞湯

劉錦昌

鍋具	時間	難度
18 和食鍋	40 分鐘	★★

材　料
Ingredient

土雞腿肉……600g
巴西蘑菇……150g
雞高湯……700ml
黑蒜仁……10g
蒜頭……15g
薑片……2片
米酒……50ml
枸杞……5g
鹽……1/2小匙

作　法
How to cook

1 土雞腿肉切塊，汆燙去除血水後以冷水洗淨。

2 巴西蘑菇洗淨後以廚房紙巾擦乾。

3 另起一鍋，將雞高湯煮滾。

#如無雞骨高湯，可用市售雞高湯或高湯塊兌水代替。

4 鍋中倒入 1 大匙油（份量外），開中小火煸香巴西蘑菇，加入預先加熱的雞高湯、黑蒜仁、蒜頭、薑片、米酒、土雞腿肉。

5 以中大火煮滾後撈去浮沫，蓋上鍋蓋，轉文火燉煮 30 分鐘。

#維持文火燉煮，避免湯水沸騰，湯色才會清。

6 以鹽調味，並加入枸杞，續煮 5 分鐘即完成。

芋頭西米露

Coco Chang

鍋具	時間	難度
24 圓鍋	20 分鐘	★

材　料 4人份
Ingredient

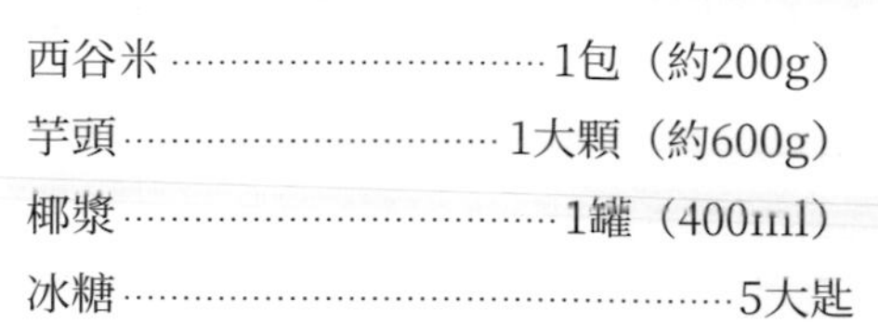

西谷米……1包（約200g）
芋頭……1大顆（約600g）
椰漿……1罐（400ml）
冰糖……5大匙
水……8分滿

作　法
How to cook

1 煮一大鍋水。水滾後放入西谷米，煮 10 分鐘後，熄火燜 10 分鐘，撈出以清水洗淨備用。

2 芋頭切丁。

#切芋頭時，記得保持雙手乾燥，手才不會癢喔。

3 在鑄鐵鍋中加入八分滿的水，水滾後放入芋頭，計時 15 分鐘熄火。

4 取出部分煮熟的芋頭丁，其餘的用料理棒打成泥。

5 加入椰漿和適量的水（份量外），調整出自己喜歡的濃度。

6 加入冰糖煮滾。

#甜度可依個人喜好調整。

7 最後加入西谷米拌勻後熄火就完成了。

TIPS

◆ 台灣芋頭的盛產於秋冬季，多以熱食為主。在挑選芋頭時，記得挑選重量輕、形狀圓潤飽滿，並且肉色越白的越好喔。

香橙銀耳甜湯

劉錦昌

鍋具 24 和食鍋

時間 60 分鐘

難度 ★

材　料
Ingredient 

新鮮銀耳……1盒（200g）
柳丁……8顆
紅冰糖……50g
本土甘蔗糖……50g
泰國棕櫚糖……50g
水……2000ml
君度橙酒……50ml

- 甜湯可以搭配當季水果一起享用，百香果、柳橙、洋梨、火龍果、草莓、藍莓都很對味。

作　法
How to cook

1. 取一半銀耳加入200ml水（份量外），以食物調理棒打成銀耳泥，另一半切小塊備用。

   #使用新鮮的銀耳更容易燉至化開，膠質也更豐富。

2. 柳丁榨汁，約需要400ml的柳丁汁。
3. 鍋中放入銀耳、銀耳泥與水，開中火煮滾後蓋上鍋蓋，轉米粒火慢燉20分鐘，熄火後再燜煮30分鐘。
4. 加入冰糖、甘蔗糖及棕櫚糖調味，開中火再度煮滾後，續煮15分鐘。

   #混合使用多種品質優良的天然糖，能讓甜度天然順口，滋味更豐富。

5. 加入君度橙酒提味後起鍋冷藏。

Staub

Chapter 7

用鑄鐵鍋做
甜點和麵包！

鑄鐵鍋也可以甜蜜蜜。除了肉桂捲、免揉麵包，還有大受孩子歡迎的棉花糖布朗尼、繽紛的彩虹生乳酪蛋糕、可愛又討喜的翻轉蘋果塔，以及充滿創意的焦糖琥珀烤布蕾。

肉·桂·捲
潔西
鍋具
28
淺燉鍋
時間
60
分鐘
難度
★★★

材料 Ingredient

10人份

麵糰

高筋麵粉	450g
乾燥酵母	5g
糖	55g
鹽	4g
雞蛋	100g
牛奶	200g
無鹽奶油	90g

內餡

肉桂粉	20g
二號砂糖	130g
奶油	90g

TIPS

- 第二次發酵時可視麵糰膨脹大小，調整靜置時間。

作法 How to cook

1. 無鹽奶油隔水加熱至融化。
2. 在攪拌缸內加入過篩後的麵粉、牛奶、酵母、糖、鹽、雞蛋，攪拌均勻後加入液態無鹽奶油，用中速攪打至麵糰成形。
3. 覆蓋保鮮膜靜置 40-60 分鐘，至麵糰發酵成原本的 2 倍大。
4. 將軟化奶油與肉桂粉、二號砂糖混合均勻，製成肉桂奶油餡。
5. 將完成第一次發酵的麵糰，擀成約 50x40cm 的長方形。表面抹上肉桂奶油餡，捲成長條狀後，切成 5cm 厚片。
6. 將捲好的肉桂捲麵糰放入淺燉鍋，發酵約 45 分鐘，至麵糰體積膨脹成 2 倍。

   # 麵糰放入鍋中時，請預留發酵膨脹的空間。
7. 將烤箱預熱至 190° C。第二次發酵完成後，將淺鍋直接放入烤箱烤約 25-35 分鐘就完成了。

免・揉・歐・式・麵・包

方愛玲

鍋具
18
和食鍋

時間
50
分鐘

難度
★

材　料
Ingredient

高筋麵粉	240g
速發酵母	3g
鹽	6g
糖	1小匙
40°C溫水	200ml

＊高筋麵粉（也可用中筋麵粉取代）
＊發酵時間約 15-16 小時

作　法
How to cook

1 將麵粉、酵母、鹽、糖放入攪拌盆。

2 加入 40° C 溫水 200ml，以筷子混合攪拌均勻（圖 A）。

　#此時不須整形。

3 攪拌盆蓋上保鮮膜，在室溫下靜置發酵（圖 B）。

　#保鮮膜的邊緣記得留下小縫，不要完全密封。

4 夏天約靜置 2 小時，冬天 3 小時，至麵糰發酵膨脹且表面平整。

5 將麵糰以保鮮膜完全覆蓋後，放入冰箱冷藏，進行低溫發酵 12 小時以上。

　#麵糰冷藏 3 小時後就可以使用了，不過如果不急，建議放冰箱低溫發酵久一點，讓麵糰自然水解，可以減輕胃的負擔。

6 取一大張比鍋子大的烘焙紙，撒上手粉（圖 C），取出冷藏的麵糰，由外朝內往下縮口，將麵糰整成圓形（圖 D）。

圖 A

圖 B

圖 C

圖 D

7 將整形好的麵糰縮口朝下，放在烘焙紙上進行第二次發酵，在室溫下靜置約 1 小時。

＃此時可在麵糰中加入堅果或果乾調味增色。

8 發酵至 40 分鐘時先將鑄鐵鍋放入烤箱，以 230° C 預熱。

9 在發酵完成後在麵糰表面撒一些麵粉（圖 E），以鋒利的刀在表面上劃幾刀（圖 F）。

＃入烤箱前劃出切口，可以釋放麵糰內部張力，同時增添整體美感。

10 取出預熱鑄鐵鍋，將麵糰連同烘焙紙一同放入鑄鐵鍋內，蓋上鍋蓋烤 25 分鐘（圖 G）。

11 從烤箱取出鑄鐵鍋，連同烘焙紙一同取出麵包（圖 H），再將麵包放回烤箱，續烤 10-15 分鐘，至麵包表皮呈金黃色。

＃也可只將上蓋移開，繼續烘烤，不過麵包下半部的上色就會較淺。

12 取出烤好的麵包，待放涼再切片。

圖 E

圖 F

圖 G

圖 H

TIPS

- 麵糰也可多做一些在冰箱內冷藏，每次取出需要的份量烘烤。保存時間至多為兩週。

紅酒無花果麵包

Y小姐

鍋具
24
橢圓烤盤

時間
2
小時

難度
★★★

材　料 Ingredient

麵糰

- 高筋麵粉……250g
- 細砂糖……2小匙
- 鹽……1小匙
- 乾燥酵母……2/3小匙

餡料

- 紅酒無花果……約100g
- 紅酒（泡無花果用）……100ml
- 38°C溫水……70ml
- 核桃……100g
- 橄欖油……2大匙

準　備 Prepare

1 乾燥無花果切成一口大小，倒入適量紅酒，浸泡半天後將無花果取出瀝乾，紅酒留下備用。

#也可加入喜歡的香料如肉桂、丁香等，一起浸泡。

2 核桃以 150° C 烤約 8 分鐘至香味釋出，放涼切小塊備用。

作　法
How to cook

3 將麵糰的所有材料依序倒入攪拌盆內，以打蛋器攪拌混合。

4 ❶的紅酒加熱至 38° C，取溫紅酒 100ml 與 38° C 溫水 70ml，倒入盆中。

5 攪拌盆以橡皮刮刀攪拌至粉末消失後，加入橄欖油揉至成糰，再移到工作台上揉至表面光滑。

6 將麵糰擀成 23x23cm 的正方形，撒上紅酒無花果與碎核桃。麵糰從靠近身體側捲起，收口朝上（圖 A）。

7 將麵糰轉 90 度再捲一次（圖 B）。這次收口朝下，稍微整成圓形（圖 C）。

8 在調理盆中抹上一層油（份量外），放入麵糰後以擰乾的濕布覆蓋調理盆，進行第一次發酵。靜置 40-60 分鐘，至麵糰發酵膨脹成 2 倍大。

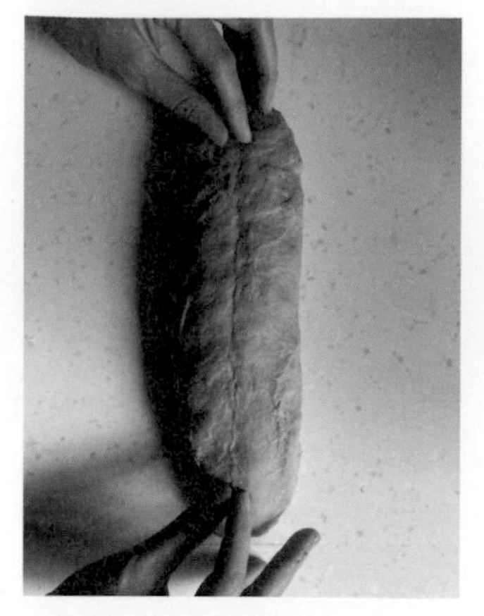
圖 A

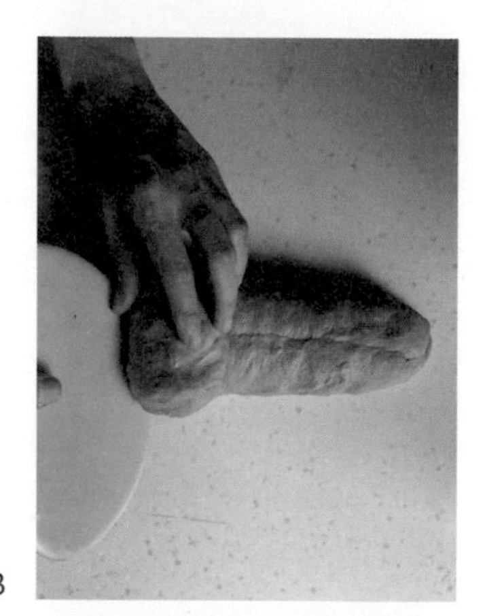
圖 B

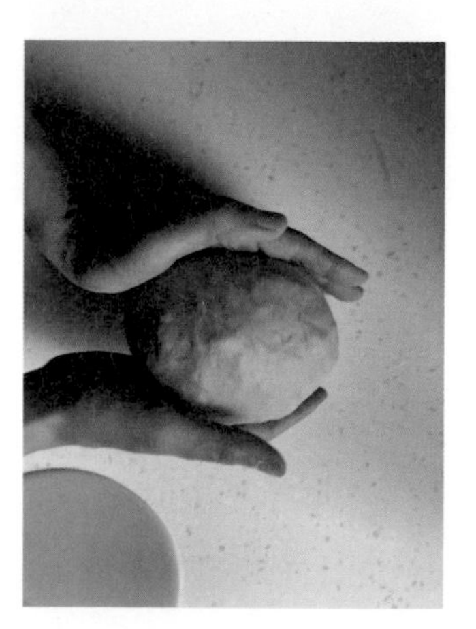
圖 C

9 取出麵糰，輕壓麵團排氣（圖 D），再重新揉圓。讓麵團休息 15 分鐘，等待整形。

10 收口朝上，再次輕壓排氣。從靠近身體側將麵糰捲起，確實捏緊收口，將麵糰整成橢圓形。

11 收口朝下放入烤盤（圖 E），置於溫暖的密閉空間（如未加熱的烤箱或大型保鮮盒）約 20-30 分鐘，進行第二發酵。

12 發酵完成前 10 分鐘·，將烤箱預熱至 210° C。

13 麵糰淋上橄欖油（份量外），可以另外撒上適量粗鹽和喜歡的香草（圖 F），烤 18 分鐘至麵包上色就完成了。

圖 D

圖 E

圖 F

棉花糖布朗尼

潔西

鍋具	時間	難度
23 橢圓烤盤	40 分鐘	★

材　料
Ingredient 

苦甜巧克力	100g
無鹽奶油	180g
雞蛋	150g
紅糖	150g
低筋麵粉	50g
可可粉	35g
咖啡粉	5g
鹽	3g
核桃	100g
棉花糖	20g

作　法
How to cook

1. 烤箱以 170° C 預熱。
2. 將奶油和巧克力，隔水加熱至融化。
3. 將蛋、糖攪拌均勻，倒入融化的巧克力和奶油，再次攪拌均勻。
4. 加入過篩的麵粉、咖啡粉、鹽，拌勻後再加入核桃，倒入烤盤中。
5. 入烤箱烤約 25 分鐘。
6. 出爐後表面放上棉花糖，再次放入烤箱，續烤至棉花糖軟化即完成。

TIPS

- 可另準備 50g 苦甜巧克力融化，淋在棉花糖布朗尼上增添風味。

彩虹生乳酪蛋糕

朱曉芃

鍋具 16 圓鍋

時間 3 小時

材料 Ingredient

6人份

蛋糕底	燕麥消化餅	150g
	奶油	70g
蛋糕體	吉利丁片	6g
	鮮奶油	80g
	奶油乳酪	250g
	細砂糖	70g
	無糖優格	130g
	檸檬汁	15g
	食用色素紅黃藍三色	適量

準備 Prepare

1 奶油隔水加熱融化成液態。

2 奶油乳酪於室溫下退冰。

作法 How to cook

3 將消化餅放入袋中壓碎，加入融化奶油混合均勻後倒入鍋中，以湯匙壓平。

4 烤箱預熱 160° C，將蛋糕底放入烤 15 分鐘至成形。

#也可改爲放入冰箱冷藏 30 分鐘。

5 吉利丁片放入冰水泡至軟化，取一部分鮮奶油隔水加熱。

6 將以冰水軟化後的吉利丁，放入加熱後的鮮奶油中，攪拌至吉利丁融化。

7 奶油乳酪於攪拌盆中打散，加入細砂糖、其餘鮮奶油、無糖優格與檸檬汁，最後再加入混合吉利丁的鮮奶油拌勻。

8 將❻的蛋糕體麵糊分成 30g、70g、130g、190g 四份，以食用色素分別調成粉色、黃色、藍色及綠色（黃色 + 藍色）。

9 鑄鐵鍋內鋪上一張烘焙紙以利脫模。

10 麵糊份量由多至少，依序自中心點倒入鍋中，形成四色漸層。

11 放入冰箱冷藏 2 小時以上，待蛋糕體凝固後即可享用。

TIPS

◆ 加入色素時一次別加太多，請一點一點慢慢加，避免顏色過深。

香草巴斯克蛋糕

潔西

鍋具 18 圓鍋

時間 50 分鐘

材料 Ingredient

8人份

奶油乳酪 ········· 250g
鮮奶油 ········· 130g
雞蛋 ········· 2顆
二溫糖 ········· 50g
低筋麵粉 ········· 15g
香草莢醬 ········· 3g
白蘭地 ········· 10ml

作法 How to cook

1 烤箱以上火 220° C、下火 200° C 預熱。
2 取一張烘焙紙打濕後擰乾水份，鋪在鍋中。
3 將奶油乳酪放進調理盆中，置於室溫下退冰至軟化後，加入糖攪拌均勻。
4 分次打入兩顆蛋，攪拌均勻後再加入鮮奶油、香草莢醬和白蘭地。
5 最後加入過篩的低筋麵粉，攪拌均勻後倒入鍋中。
6 將鑄鐵鍋放入烤箱中，烘烤 35-40 分鐘即完成。

巧克力麵包布丁

朱曉芃

鍋具	時間	難度
16 小平煎鍋	30 分鐘	★

材　料 Ingredient 

- 吐司……2片
- 雞蛋……2顆
- 巧克力牛奶……100ml
- 無鹽奶油……5g
- 細砂糖……15g
- 鮮奶油……100ml
- 蔓越莓乾……10g
- 糖粉……少許

作　法 How to cook

1. 吐司切成容易入口的立方體，蔓越莓乾泡水，無鹽奶油隔水加熱至融化。
2. 混合巧克力牛奶、融化的無鹽奶油、糖、鮮奶油，攪拌均勻後過篩製成布丁液。
3. 將吐司塊浸泡於布丁液內，待吐司充分吸飽布丁液。
4. 鑄鐵鍋內抹上一層奶油（份量外），將吐司塊與布丁液一同倒入，再撒上蔓越莓乾。
5. 烤箱預熱 200° C，將鑄鐵鍋放入烤 25 分鐘。
6. 從烤箱中取出後撒上糖粉裝飾就完成了。

TIPS

- 巧克力牛奶可以用鮮奶取代，不過需多加細砂糖 15g。

埃 · 及 · 麵 · 包 · 布 · 丁

蘇宜青

鍋具
14
圓鍋

時間
30
分鐘

難度
★

材　料 Ingredient 

主材
- 冷凍起酥片……3片
- 堅果……1杯
- 葡萄乾……1/2杯
- 椰蓉……適量
- 鮮奶油（Whipping Cream）……1/2杯
- 牛奶……1杯
- 煉乳……3大匙

＊使用 250ml 量杯

裝飾
- 開心果……適量
- 紅石榴籽……適量
- 乾燥玫瑰花……適量

TIPS
- 若無 14 公分圓鍋，也可以用烤盅取代。請注意不要裝得太滿，因爲烤箱加熱時會稍微膨脹。
- 沒吃完的麵包布丁可以放冰箱冷藏，下次要吃時再用烤箱加熱即可。

準　備 Prepare

1 烤箱預熱 200° C，鋪上烘焙紙，將起酥片放入烤箱中烘烤約 15 分鐘，至呈蓬鬆狀金黃色，取出後放涼。

2 堅果稍微搗碎，加入葡萄乾和椰蓉混合均勻。

3 將鮮奶油、牛奶與煉乳放入小鍋中稍微加熱拌勻。

＃煉乳也可用糖或香草精取代，再依個人喜好調整甜度。

作　法 How to cook

4 鍋內側抹上一層油（份量外），將一片起酥片撕碎後鋪於鍋底。

5 將❷的綜合堅果的一半份量放入鍋中，接著淋上❸的 1/3 量。

6 鋪上第二片撕碎的起酥片，接著重複❺。

7 將最後一片起酥片撕碎，鋪於最上方。

8 淋上剩下的❸，將表面稍微抹平。

9 烤箱預熱至 200° C，將鑄鐵鍋放入烤箱中，烘烤約 15 分鐘，至表面呈金黃色。

10 取出後撒上搗碎的開心果、紅石榴籽或乾燥玫瑰花裝飾即完成。

簡易翻轉蘋果塔

Y小姐

鍋具
18
圓鍋

時間
70
分鐘

材　料 
Ingredient

青蘋果	3顆
檸檬汁	少許
無鹽奶油	80g
細砂糖	150g
香草精	1/2小匙
冷凍起酥片	約2-3片

TIPS

- 翻轉蘋果塔也很適合搭配香草冰淇淋享用喔。

作　法
How to cook

1. 青蘋果每顆切成 8 片，淋上檸檬汁防止氧化。
2. 冷凍起酥片裁切至可覆蓋鍋底的大小。
3. 鍋內放入奶油，開中火加熱。奶油融化後加入糖與香草精拌開。

   # 香草精可省略，或以香草莢取代。
4. 奶油呈淡黃色時加入蘋果片拌炒，確認蘋果每一面皆炒至上色。烤箱預熱 190° C。
5. 取出蘋果片，在鍋底排列成扇形，注意盡量不要出現空隙。
6. 將起酥片戳洞後儘量緊密地覆蓋在蘋果片上。
7. 放入烤箱，以 190° C 烤 50 分鐘至蘋果完全焦糖化。

   # 烘烤時派皮會膨脹是正常現象。
8. 出爐後靜置 1 小時放涼再脫模。拿一個大於鍋口的大盤子蓋住鍋口，快速翻轉倒扣。

   # 剛烤完水份比較多，但放涼的過程中水份會被吸收，因此須靜置後再脫模。

焦糖卡士達布丁

Y小姐

材　料 Ingredient 

布丁	牛奶	3/4杯
	鮮奶油	1/4杯
	雞蛋	1顆
	蛋黃	1顆
	細砂糖	30g
	香草精	1/4小匙
焦糖	細砂糖	30g
	熱水（分兩次使用）	2大匙

＊裝布丁使用小陶缽3個

作　法 How to cook

1 微波爐以 600W 加熱牛奶 1 分鐘。

2 取一調理盆打散雞蛋，加入蛋黃和 30g 砂糖以打蛋器攪拌，接著加入熱牛奶和鮮奶油攪拌均勻，滴入香草精。

＃香草精可省略，或以香草莢取代。

3 將混合均勻布丁液篩入 3 個小陶缽內，撈除表面泡泡，覆蓋一層保鮮膜。

4 鍋內倒入 400ml 水（份量外），蓋上鍋蓋，以中火加熱至沸騰。

5 開蓋放入烘焙紙，再放入 3 個裝布丁的小陶缽。

6 蓋回鍋蓋，以中火加熱 2 分鐘後，轉米粒火加熱 5 分鐘。

7 熄火，靜置 15 分鐘後取出布丁杯，取下保鮮膜。

8 **製作焦糖**取一小鍋，加入 30g 砂糖與 1 大匙熱水，開中小火加熱。待砂糖轉咖啡色後稍作攪拌，煮至焦糖色熄火。

9 熄火後，小心倒入 1 大匙熱水，讓焦糖融化，再將焦糖淋在布丁上就完成了。

＃倒入熱水時請小心噴濺。

法式焦糖琥珀布蕾

謝宜澂

鍋具
24
陶瓷烤盤

時間
45
分鐘

難度
★

材　　料
Ingredient 

金石放牧蛋蛋黃	6顆
鮮奶油	420公克
牛奶	180公克
白砂糖	40g
自製香草精	10g
濁水琥珀常鹽	30g

＊需冷藏 4 小時至隔夜。

作　　法
How to cook

1. 將 6 顆蛋黃以刮刀稍微攪拌後，加入自製香草精與琥珀醬油，再加入砂糖，混合成蛋黃液。
2. 另取一湯鍋，加入鮮奶油與牛奶，加熱至約 60 度。
3. 將溫熱牛奶液緩慢倒入蛋黃液中，溫柔攪拌至均勻混合，接著過篩 3 次。
4. 將完成的布蕾液倒入烤盤中。
5. 烤箱預熱 140 度，烤箱烤盤中加入熱水（份量外），再將布蕾放入，以水浴法烤 30 分鐘。
6. 將布蕾取出放涼，冷藏靜置至少 4 小時，以隔夜為佳，食用前在布蕾表面灑上砂糖（份量外）用噴槍炙燒即可。

TIPS

◆ 自製香草精的做法是將 500ml 的伏特加與 20 支香草莢一起浸泡半年。時間越久，香氣越豐富。

芋泥球

林正眞

材　料 
Ingredient

主食材
- 中小型芋頭……2顆（500-600g）
- 二號砂糖……1/2米杯
- 鹽……1小匙
- 白胡椒粉……少許
- 太白粉……1/2米杯
- 橄欖油……2大匙

裹粉
- 太白粉……1/2米杯
- 水……1米杯
- 麵包粉……100g

作　法
How to cook

1. 芋頭削皮後切小塊放入電鍋，外鍋倒 2 杯水，將芋頭蒸熟。
2. 取出蒸熟芋頭塊，趁熱搗成泥後依序拌入二號砂糖、鹽、白胡椒粉、太白粉，攪拌均勻。

   #可以試一下味道，不夠甜再加點糖。
3. 取適量芋泥餡滾成圓形。

   #芋泥球的大小比乒乓球略小，可依照個人喜好調整。
4. 先裹上一層太白粉、沾水再裹上一層麵包粉。裹粉後須靜置一下再油炸。

   #如不想一次炸完所有芋泥球，可先裹上一層太白粉後冷藏（不可冷凍），可保存 5-6 天。待要油炸時再裹麵包粉。
5. 鍋中倒入適量油，油熱後放入芋泥球，以半煎炸方式烹調。輕柔翻動芋泥球，確認芋泥球每一面都均勻上色，即可起鍋。

TIPS

- 可以在❷時拌入烤過的鹹蛋黃，味道更香。
- 芋泥還可以加入牛奶或鮮奶油增加濕潤度，夾吐司一起吃。

咖啡冰淇淋

Y小姐

鍋具
12
小鍋

材　料
Ingredient 

牛奶……………………1/2杯
即溶咖啡粉……………………1.5大匙
煉乳……………………200g
香草精……………………1/4小匙
檸檬汁……………………1大匙
鹽……………………少許
鮮奶油……………………1杯

＊使用 200ml 量杯
＊冷凍時間爲 6 小時

作　法
How to cook

1 將咖啡粉加入稍微熱過的溫牛奶中，攪拌至咖啡粉融化後放涼。
2 取一攪拌盆，放入咖啡牛奶、煉乳、香草精、檸檬汁和鹽。

#香草精可省略，或以香草莢取代。

3 另取一攪拌盆，將鮮奶油以電動攪拌器攪打至濕性發泡，輕輕拌入❷的咖啡牛奶液。
4 將冰淇淋液倒入鍋內，蓋上一層保鮮膜貼緊冰淇淋表面。
5 放入冰箱冷凍 6 小時即完成。

TIPS
◆ 濕性發泡又稱軟性發泡，約爲 6-7 分發，拿起攪拌棒，前端的奶油會呈現大彎鉤狀，將電動攪拌器轉至中速較能打出細緻漂亮的鮮奶油。

作者群簡介

（以下按姓名筆畫順序排列）

· Anny Chuang ·

從職場的職業婦女一職退下來後，回家成為專職的家庭主婦，從未想過自己可以待在廚房裡為家人準備三餐～～看著家人吃著我用心做出來的料理，心裡頭滿滿的欣慰呀！原來做著自己喜歡的事情，一點都不累，還玩得很開心唷！我就是小媳婦 anny ！喜歡待在屬於我的鄉村風廚房裡玩料理～～

· Coco Chang ·

烹飪教學老師、Coco 樂食堂掌廚、Staub 直播老師。喜好美食也喜歡手做，曾經從事進口蔬菜採購，為了孩子放下一切，回家洗手做羹湯！考取蛋糕烘焙丙級和麵包烘焙丙級證照，2020 首屆全聯料理爭霸戰入選前十名。對於各式各樣的特色料理季節食材或是地方小吃，中西式料理或是烘焙手做都非常喜愛！

· Erica Wu·

攝影師、講師、旅遊作家，美國 IPPA 攝影獎冠軍，著有《日本貓島旅行》、《手機拍貓貓》等書籍，經營粉專「菜菜子 on the road」。 攝影受邀合作單位包含 Sony、Google、Samsung、新光三越、台北市政府觀光局、蘋果日報、五福旅遊等等。喜歡動手做不同國家的料理，特別熱愛研究擺盤，希望做出來的菜能同時兼具視覺及味覺的雙重享受。

· Y 小姐 ·

本職為設計師，某天靈感枯竭的時候玩起了烘焙，從此以後一天不開烤箱就很難過，聞到麵包香的時候稿子也會順利完成。熱愛看各種和料理有關的食譜以及節目，深信長得漂亮的食物絕對不會難吃到哪裡去。

· 方愛玲 ·

一個朝九晚六，每天在替老闆計算賺了多少錢的職業的婦女。 因為早期先生的工作與餐飲開發有關，所以家裡常常出現很多新奇的食材，而開啟了我對料理的興趣。靈魂裡有著雙子座的多變，腦袋裡對於做菜總有許多天馬行空的想法，而且都能非常有行動力的去解鎖。 熱愛旅遊、愛吃愛做美食，更樂於分享，多年「煮」婦經驗的累積，對於做菜的最高原則就是：優雅下廚，輕鬆上菜！期待我家的餐桌上每天都能有好風景。

· 江佳君 ·

台北榮總護理師退休，具有護理師高考及中餐丙級証照。學習廚藝不是增加才能而已，是為了全家人的健康和食安把關最好投資。因為喜歡烹飪藉此也結交眾多同好，希望以有益健康的觀點出專業又簡單方式來料理健康食物，讓大家享受在家團聚用餐的溫暖。
粉絲專頁「董娘廚房」，歡迎您的指教。

· 林正真（楊太太）·

我是個全職的家庭煮婦，因為老公的工作被調派到高雄，所以現居高雄，平時的興趣就是下廚跟烘焙做甜點跟麵包，閒暇時教教有興趣學做菜的媽咪們，也有接喜歡楊太太甜點的訂單，通常以手工餅乾，常溫蛋糕最多。但最大的生活樂趣也是煮美味的料理給辛苦工作的老公品嚐，這次食譜當中的五道菜都是太太平時會做的料理，老公點菜率也是很高喔！希望各位讀者會喜歡太太的料理，帶給你們家人好口福。

· 朱曉芃 ·

兩個孩子的媽，做煮婦之前是遨遊天際的空服員。飛遍世界，在德國對鑄鐵鍋一見傾心。

· 珍妮花 ·

大提琴老師，更是一名多功能的專職太太。因從小求學之路常擔任學藝股長，所以內心充滿了濃厚的學藝股長魂，熱愛手作與廚藝料理。
家中料理常以鑄鐵鍋為餐廚工具首選，並搭配先生因興趣親手耕種的自家小菜園，零距離產地直送，更能保留有機食材的天然滋味。

· 孫夢莒 ·

退役職業軍人，來自一個普通的小家庭，和妻子育有兩子，會接觸料理是因為看到妻子照顧小孩非常用心又很辛苦，為了不讓她這麼辛苦，就分擔了「食」的部分，並漸漸對這領域產生了興趣。看到家人們開心享用我烹煮的每道料理時，對料理的愛是源源不絕。

· 莊鈞媛 ·

婚前是物理治療師、嬰幼兒按摩講師，在還沒推動長照時，就走入需要幫助的家庭，教導患者簡易的居家復健技巧。婚後嫁入漁村，不捨漁獲被盤商低價收購，創辦了網購海鮮——青熊家。提供「從產地到餐桌」，從生產源頭掌握、低溫處理不落地、加工、包裝、販售一條龍的銷售模式。從小跟著外婆逛菜市場、窩在廚房學料理，除了透過料理紓解壓力，也希望用料理延續愛的溫度，拉近家人間的親密關係。

· 湯聖偉 ·

從事中式餐飲將近 30 年，目前經營一間中式小館 20 年，本身擁有中餐烹調丙級乙級雙證照。

· 黃芬 ·

在「FAVEN 品牌銀飾」擔任 Secy。
著迷鑄鐵鍋的一鍋到底，快速料理，職業婦女兼業餘家庭煮婦！
讓我們一起開心的來玩食！

· 劉錦昌 ·

目前任職於中部專營菇菌類批發零售的盤商「和呈商行」，每天在各式蕈菇裡頭打滾，帶給大家產地直送的美味。開始自己做菜，只是不想接受飲食上的乏味，任性一點，只為取悅自己的胃。不管程度高低，成就感才能拉住你，把你留在廚房裡，讓我們從鑄鐵鍋料理開始，從此生活中多了一種感受世間美好的方式。

· 潔西 ·

一位愛吃愛玩的媽媽，喜歡手作、喜歡烘焙，從小喜歡看烹飪節目，廚房裡不是蛋糕香就是飯菜香，希望能給更多人在重要的時刻有美好的回憶，於是開啟了「潔西烘焙廚房」，去完成讓更多家庭幸福的烘焙任務。

· 謝宜澂 ·

御鼎興柴燒黑豆醬油第三代製醬人、飛雀餐桌行動創辦人、參與雲林食通信與飛雀誌編輯。2017 年起，發起飛雀餐桌行動，串連雲林一級、二級與六級產業，目前已舉辦超過一百場，接待超過三千五百名食客。推廣自煮文化，希望透過食譜、餐桌的連結縮短人與產地間的距離，期許自己成為一位「全醬油蔬食料理的推廣者」，持續的創作，繼續為地方的風土轉譯。

· 蘇宜青 ·

美國馬里蘭大學語言學博士，清華大學語言學研究所副教授，秉持著研究精神，喜歡鑽研各國經典料理。

Staub鑄鐵鍋
多款多色實用性高，
適合作出千變萬化的菜色
STAUB
STAUB
STAUB
STAUB
STAUB

一口鑄鐵鍋，端出一桌菜

作　　者 | 我愛Staub鑄鐵鍋 敘事大師群

企劃編輯 | 許芳菁 Carolyn Hsu
　　　　　高子晴 Jane Kao
責任行銷 | 鄧雅云 Elsa Deng
裝幀設計 | 呂昀禾 evian
版面構成 | 張語辰 Chang Chen
攝　　影 | Erica Wu
　　　　　劉錦昌
　　　　　（p.104、p.148、p.158、p.196、p.200）
照片提供 | 御鼎興
　　　　　（p.46、p.80、p.122、p.168、p.186、p.228）
校　　對 | 楊玲宜 Erin Yang

發 行 人 | 林隆奮 Frank Lin
社　　長 | 蘇國林 Green Su

總 編 輯 | 葉怡慧 Carol Yeh
主　　編 | 鄭世佳 Josephine Cheng
行銷主任 | 朱韻淑 Vina Ju
業務處長 | 吳宗庭 Tim Wu
業務主任 | 蘇倍生 Benson Su
業務專員 | 鍾依娟 Irina Chung
業務秘書 | 陳曉琪 Angel Chen
　　　　　莊皓雯 Gia Chuang

發行公司 | 悅知文化 精誠資訊股份有限公司
地　　址 | 105 台北市松山區復興北路99號12樓
訂購專線 | (02) 2719-8811
訂購傳真 | (02) 2719-7980
專屬網址 | http://www.delightpress.com.tw
悅知客服 | cs@delightpress.com.tw
ISBN：978-626-7406-27-4
建議售價 | 新台幣480元
初版一刷 | 2021年06月
二版一刷 | 2024年02月

國家圖書館出版品預行編目資料

一口鑄鐵鍋，端出一桌菜／我愛Staub鑄鐵鍋 敘事大師群著. -- 二版. -- 臺北市：悅知文化精誠資訊股份有限公司, 2024.01
　面；　公分
ISBN 978-626-7406-27-4（平裝）
1.CST：食譜

427.1　　112022766

建議分類 | 食譜

大灶柴燒
御鼎興
紅甕日曬
御鼎興
臺灣黑豆
THE AMBER RIVER SOY SAUCE
濁水琥珀
柴燒醬油
乾壺熟成
RAW SAUCE
裸醬
無糖
手工發酵
御鼎興純手工柴燒黑豆醬油
Yu-Ding-Shing Wood-Fired Black Soybean Sauce Co., Ltd
電話：05-5868272
地址：臺灣雲林縣西螺鎮安定里安定171-11
No. 171-11,Anding Rd,Xiluo Township
Yunlin County, Taiwan 648

STAUB
LA COCOTTE